認識人工智慧-第四波工業革命

劉峻誠、羅明健、耐能智慧股份有限公司　編著

全華圖書股份有限公司

求知若飢，虛心若愚

賈伯斯
史丹佛大學，2005

前言

　　本書的靈感來自基督教角聲佈道團(南加州)，青少年飛躍計劃所舉辦的《人工智慧》工作坊，向青年介紹第四波工業革命(Industrial Revolution 4.0)-人工智慧(Artificial Intelligence - AI)。工業革命始於蒸汽機，經過電力及電腦演變，至人工智慧技術 - 神經網路(Neural Network)。人工智慧將神經網路與大數據(Big Data - BD)及物聯網(Internet of Things - IoT)結合，改變我們的日常生活。例如：無人駕駛汽車(Tesla)、語音助理(Google Home)和無人機運送(Amazon Prime Air)。隨著人工智慧崛起，很多工作職位將會消失，但人工智慧將提供更多就業的機會。在個人電腦出現之後，打字職位被數據輸入所取替，而數據輸入創造更多職位空缺。這本書介紹人工智慧在不同領域影響，包括醫療保健、金融、零售、製造、農業和智慧城市。

本書內容如下：

　　第 1 章介紹人工智慧的發展過程。簡述神經網路如何衍生自人類的神經元。並介紹主要神經網路、卷積網路(Convolution Neural Network - CNN)、回歸神經網路(Recurrent Neural Network - RNN)和強化學習(Reinforcement Learning - RL)。神經網路可以根據學習模式分為：監督學習、半監督學習和無監督學習。而神經網路主要功能為訓練和推論。

　　第 2 章介紹卷積神經網路結構，並簡要說明基本的運作，包括卷積層、激活層、池化層、歸一化層、丟棄層和完全連接層。

　　第 3 章介紹人工智慧對醫療保健的影響，包括遠距治療、醫療診斷、放射分析、智慧設備、電子記錄、藥物開發、醫療機器人和老年護理。

第 4 章展示人工智慧如何整合金融經濟，探討詐騙檢測、財務預測、股票交易、財務諮詢和會計行業的影響。

第 5 章重點介紹未來零售業的變化，例如電子商務、商店管理、倉庫管理和供應鏈。它還顯示新一代零售商店：亞馬遜商店(Amazon Go)。

第 6 章介紹人工智慧對製造業影響，它涵蓋缺陷檢測、質量保證、生產整合、生成設計、維修預測和環境保護。借助人工智慧，大大提高工廠生產效率。

第 7 章述說農業因人工智慧而引起多方面的變化，農作物和土壤監測、農業機器人、蟲害防治及精耕細作。顯示出如何應用人工智慧來減少勞動力需求，並增加農業的產量。

第 8 章介紹智慧城市發展，智慧交通、智慧停車場、廢物管理、智慧電網和環境保護。而紐約和台北位列世界成功智慧城市。

第 9 章介紹政府如何應對人工智慧的挑戰，包括信息技術、社會服務、執法、立法和道德規範。它還涵蓋公眾對人工智慧的看法。

第 10 章介紹能瞭解邊緣運算的源起在於物聯網(IoT, Internet of things)的興起導致連網裝置變多，隨著全球人口的迅速增長，消費性電子產品價格也越來越親民，導致個人所擁有的連網裝置多是超過一種以上。邊緣運算是一個趨勢。

　　本書每章均提供軟體實驗，使讀者進一步了解人工智慧的概念，用神經網路模型 tiny yolo v3[1]用於物件檢測。讀者可以使用耐能(Kneron)神經處理器(Neural Processing Unit - NPU)，通過簡單的界面，開發不同應用程序。此外，提供的實驗，讀者可以體驗如何將軟體和硬體融合。在附錄中，提出兩個額外的項目，倉庫管理和自動駕駛汽車。讀者將學習如何應用人工智慧方法，學習處理倉庫中產品運輸管理。而自動駕駛汽車讓讀者了解下一代智慧城市發展的交通控制。

實驗室素材列表如下：

實驗 1：顯示如何安裝 Python 神經處理軟體庫，並使用 tiny yolo v3 神經網路模型進行物件檢測(軟體方法)。

實驗 2：使用耐能神經處理加速器，執行圖像/物件檢測。

實驗 3：應用耐能神經處理加速器來加速物件檢測(硬體方法)。

實驗 4：比較耐能神經處理加速器，不同傳輸模式的物件檢測性能：串連傳輸、管線傳輸和並行傳輸。

實驗 5：教導如何使用耐能工具鏈將模型轉換成支援格式。

實驗 6：將神經網路模型編譯成二進位檔案。

實驗 7：將透過工具鏈編譯完成的二進位檔案在耐能神經網路加速器上運行。

實驗 8：量子化介紹，以及量化誤差帶來的影響說明。

---

[1]　yolo v5（於 2020 年 6 月發布）將在不久的將來集成到項目中

以下項目列在附錄中:

項目 1:使用大疆機甲大師(RoboMaster EP Core)和耐能神經處理器開發機器人,將物件從起卸區轉移到存儲箱,模擬智慧貨倉運輸管理。

項目 2:使用大疆機甲大師和耐能神經處理器開發自動駕駛車輛,以遵循交通指示和規則,前往目的地,支持智慧城市中的交通控制。

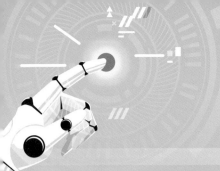

致謝

　　首先感謝所有幫忙編輯本書出版的同仁。感謝基督教角聲佈道團(南加州)，青少年飛躍計劃(Youth Enrichment and Leadership Program - YELP)。非常感謝蘇俊傑和羅子略進行軟體及硬體項目開發。感謝張毓珊和金孝容負責本書的製作和出版。還有我們要感謝我們的家人對書籍出版的支持鼓勵。

簡歷

劉峻誠博士

　　劉峻誠為 Kneron 創辦人暨執行長，於 2015 年在美國聖地牙哥創辦耐能。自臺灣國立成功大學畢業後，獲得美國雷神公司(Raytheon)獎學金和加州大學獎學金，赴美深造，就讀美國加州大學柏克萊、洛杉磯與聖地牙哥分校的共同研究計劃碩博班，之後取得加州大學(UCLA)電子工程博士學位。劉峻誠先後在高通、三星電子研發中心、晨星半導體(MStar)和 Wireless Info 等企業擔任不同的研發和管理職務。於高通任職期間，領導研發團隊獲得 9 個核心技術專利，榮獲公司的 ImpaQt 研發大獎。

　　劉峻誠曾為交大客座副教授，清大、成大助理教授，亦曾受邀在加州大學開授電腦視覺技術與人工智慧講座課程，也是諸多國際知名學術期刊的技術審稿人，在人工智慧、電腦視覺和影像處理領域擁有超過 30 餘項國際專利，先後在國際重要期刊發表 70 餘篇論文。

羅明健博士

　　羅明健在 2014 年對智慧機械人產生濃厚的興趣，他成功將深度學習與無人機和機械臂進行結合。現正致力於人形機械人研發工作。他從多倫多大學電子與電腦工程獲得博士學位。

　　羅明健目前在高通公司的晶片設計團隊中工作，從事先進技術開發。他還曾在冶天、超微和台積電工作，並領導多個團隊進行晶片驗證、標准單元設計、信號完整性、功率分析和可製造性設計。他已在各個領域發布 60 多項專利。

羅子軒

　　羅子軒就讀於聖地牙哥 Canyon Crest Academy 十二班，他對商業、經濟、金融和政治有著濃厚的興趣。他目前擔任學校辯論團隊的副主席，並獲得全國辯論冠軍比賽的資格。他對人工智慧充滿熱情，並參與多個深度學習研發項目，例如樂高(LEGO)智慧機器人(Mindstorm EV3)和大疆(DJI)智慧無人機(Tello)。此外，他還幫助角聲所舉辦的《人工智慧》工作坊，介紹深度學習技術，並指導公眾如何面對人工智慧的挑戰。

編輯部序

　　「系統編輯」是我們的編輯方針,我們所提供給您的,絕不只是一本書,而是關於這門學問的所有知識,它們由淺入深,循序漸進。

　　第 1 章介紹人工智慧的發展過程,簡述神經網路如何衍生自人類的神經元,並介紹主要神經網路、卷積網路、回歸神經網路和強化學習;第 2 章講述卷積神經網路結構,並簡要說明基本的運作;第 3 章說明人工智慧對醫療保健的影響,包括遠距治療、醫療診斷、智慧設備、醫療機器人等;第 4 章說明人工智慧如何整合金融經濟,探討詐騙檢測、財務預測、會計行業等的影響;第 5 章重點介紹未來零售業的變化,例如電子商務、商店管理等;第 6 章介紹人工智慧對製造業影響,涵蓋缺陷檢測、質量保證、、維修預測、環境保護等,借助人工智慧,提升工廠生產效率;第 7 章述說農業因人工智慧而引起多方面的變化,如何應用人工智慧來減少勞動力需求,增加農業的產量;第 8 章介紹智慧城市發展,包含智慧交通、智慧停車場等;第 9 章介紹政府如何應對人工智慧的挑戰,包括信息技術、執法和道德規範等,以及對人工智慧的看法;第 10 章說明邊緣運算源起於物聯網(IoT, Internet of things)的興起,導致連網裝置變多成為趨勢。

目錄

CH5　**零售**　**5-1**

CH8 智慧城市   8-1

| CH9 | 政府的挑戰 | 9-1 |

人工智慧介紹

1-1　引言

新興人工智慧(Artificial Intelligence - AI)－神經網路(Neural Network - NN)開始第四波工業革命(工業革命 4.0) [1, 2, 3]。工業革命始於蒸汽機,以機器代替人力,並實現生產機械化。在 19 世紀後期,電力促進世界現代化,引進了燈泡、電話和電視,這也創造了大規模的工業化生產。電腦的誕生,帶來了數位革命,它不僅使生產自動化,而且通過電腦,互聯網和智慧手機改善了我們的生活。對於第四波工業革命,我用網路物理系統(Cyber Physical System)－神經網路,將數位世界轉變爲智慧世代。與傳統方法相比,不再需要程式編程,大量的結構化或非結構化數據能直接饋送到神經網路,它自動地識別和預測結果。人工智慧與大數據(Big Data - BD)和物聯網(Internet of Things - IoT)結合,徹底改變了我們的日常生活,如無人駕駛汽車(Self-driving Car)、語音助理(Voice Assistant)和無人飛機運送(Drone Delivery)。

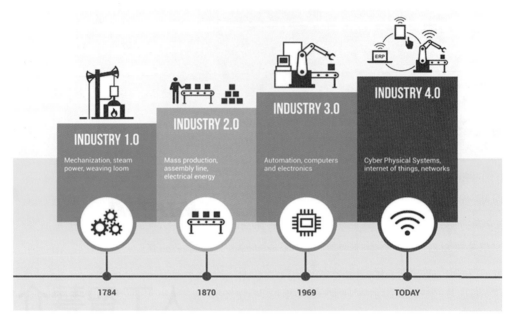

圖 1-1　第 4 波工業革命

　　什麼是人工智慧？人工智慧分為三個不同的等次：人工智慧(Artificial Intelligence - AI)、機器學習(Machine Learning - ML)和深度學習(Deep Learning - DL)。

■　人工智慧在 50 年代提出，以電腦模擬人類的智慧去解決問題。

■　機器學習為人工智慧子集(subset)，教導電腦如何學習和作出決定。

■　深度學習是機器學習子集，通過大量的數據信息，提取特徵，然後標識，並進行分類，以解決問題。

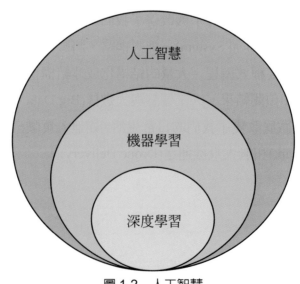

圖 1-2　人工智慧

2012 年，多倫多大學研究人員利用卷積神經網路(Convolutional Neural Network - CNN)－AlexNet [4]贏得大規模視覺識別挑戰賽(ImageNet Large Scale Visual Recognition Challenge - ILSVRC 2012)。不但成功識別圖象，而且最高 5%的錯誤率比傳統算法少了 10%，這是人工智慧發展重要里程碑。在卷積神經網路的基礎上，因應各種需求，不同神經網路模型迅速發展起來。不到 5 年時間，ResNet 神經網路模型更達到少於 5%的識別誤差，超越人類識別的精準程度。在 2016 年，谷歌 AlphaGo 通過強化學習(Reinforcement Learning - RL)贏得了圍棋世界冠軍，強化學習是另一種神經網路模型。這模型因應環境改變，作出不同反應，以增加取勝的機會。強化學習加強智慧機器人的發展，推動工業全面自動化。

目前，人工智慧廣泛應用於我們的日常生活，醫療、金融、零售、製造業、農業和智慧城市。例如：特斯拉(Tesla)自動駕駛系統可以自動改變車道、交叉口導航和進出高速公路。將來更支持交通標誌識別和城市自動駕駛。除了圖像識別應用，谷歌在語音助理(Google Home)使用自然語音處理(Nature Language Processing - NLP)的方法，來控制家中的電器，播放音樂和回答簡單的問題。亞馬遜無人機(Amazon Prime Air[1])將包裹運送到偏遠農村地區，不僅降低了運輸成本，而且節省了時間。

根據預測，2022 年，將有七千五百萬工作崗位因人工智慧而流失，但也增加了一億三千三百萬新工作。本書教導讀者如何裝備自己，面對二十一世紀人工智慧新挑戰。

1-2　發展歷程

神經網路[5]發展經歷漫長歲月。在 1943 年，當第一台計算機電子數字積分計算機(Electronic Numerical Integrator and Calculator - ENIAC)正在賓夕法尼亞大學建造。神經生理學家沃倫‧麥卡洛克(Warren McCulloch)和數學家沃爾特‧皮茨(Walter Pitts)描述了神經元如何運作[6]，並使用電路對簡單的神經網路進行了建模。1949 年，唐納德‧赫布(Donald Hebb)的書，《行為組織》(The Organization of Behavior)，它指出了如何將神經網路通過實踐加強其功能。

---

[1]　Amazon Prime Air 無人機於 2020 年 8 月獲得美國聯邦航空管理局(Federal Aviation Administration)批准進行包裹遞送

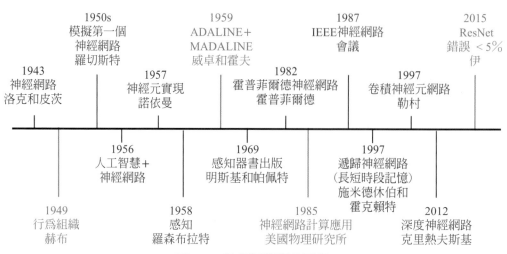

圖 1-3　神經網路開發歷程

在 20 世紀 50 年代，納撒尼爾‧羅切斯特(Nathanial Rochester)在 IBM 研究實驗室模擬第一個神經網路運作。1956 年，達特茅斯夏季人工智慧研究計劃將人工智慧(Artificial Intelligent - AI)與神經網路結合起來，共同發起了一項聯合研究。次年，約翰‧馮‧諾依曼(John von Neumann)建議使用電報中繼器或真空管實現簡單的神經元功能。神經生物學家弗蘭克‧羅森布拉特(Frank Rosenblatt)，從康奈爾大學從事感知研究工作[7]，這是一個單層感知神經元對兩個類別進行分類，這是唯一神經網路一直沿用至今。感知計算將輸入的總和並減去閾值，然後輸出兩個可能結果之一。在 1969 年，馬文‧明斯基(Marvin Minsky)和西摩‧帕佩特(Seymour Papert)出版了《感知》(Perceptron)一書[8]，顯示出感知神經元不足之處。

1959 年，伯納德‧威卓(Bernard Widrow)和馬克西恩‧霍夫(Marcian Hoff)從斯坦福大學開發的自調整線性元素(Multiple Adaptive Linear Elements)稱為 ADALINE 和MADALINE，用以消除電話線迴響。由於電子技術尚未成熟和恐懼機械對人類的影響，導致神經網路的發展停止了十年。

在 1982 年之前，約翰‧霍普菲爾德(John Hopfield)提出新的神經網路模型，即霍普菲爾德神經網路(Hopfield Neural Network) [9]，並在美國國家科學院進行了詳細數學分析。在 1985 年的美日合作神經網路聯合會議，日本宣佈開始第五代人工智慧研究，美國開始注資神經網路研究與日本展開競爭。美國物理研究所始創了關於計算的神經網路年會。在 1987 年，多達 1800 人參加第一次 IEEE 神經網路的國際會議。1997 年，施米德休伯(Schmidhuber)和霍克賴特(Hochreiter)提出帶有長短時段記憶(Long Short Term Memory - LSTM)的遞歸神經網路(Recurrent Neural Network)模型，以時間序列用於語音處理。1997 年，揚‧勒村(Yann LeCun)以梯度學習用於文檔識別[10]，它介紹了卷積神經網路，即現代深度學習神經網路的發展基礎。

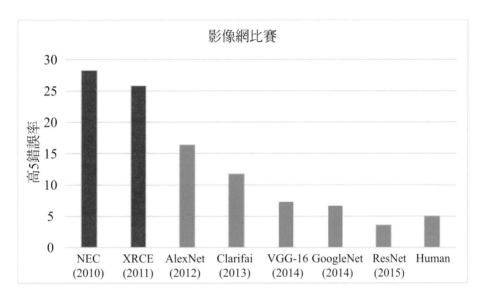

圖 1-4　大型視覺識別比賽

在 2012 年影像網大型視覺識別比賽(ImageNet Large Scale Visual Recognition Challenge - ILSVRC 2012) [11]，多倫多大學的研究人員以深度卷積神經網路(CNN)模型- AlexNet，超越傳統的視覺計算方法，成功識別圖像，而且最高 5%錯誤率更較後者少 10%。在整個影像網數據庫中，有超過 1400 萬張圖像(具有 21000 個類別)和 100 萬張帶有邊界框的圖像。比賽著眼於辨認不同類別，將圖像中的對象配以正確標籤分類，比賽進一步分為圖像分類和物件檢測。不同的深度神經網路(Deep Neural Network - DNN)模型迅速發展，Clarifia [12]，VGG-16 [13]，GoogleNet [14]先後出現，而誤差率急速下降。在 2015 年，ResNet [15]模型的錯誤率更少於 5%人類精準度的水平。今天深度學習應用急劇的倍增，對社會產生重大改變。

1-3 神經網路模型

神經網路模型源自人腦中的神經元(Neuron)。大腦擁有 860 億神經元，每個神經元具有細胞體(Cell Body)或體素(Soma)以控制神經元運作。樹枝狀(Dendrites)是細胞體延伸出去的結構，它負責神經元的通信，從其他神經元接收消息，並將消息傳播到細胞體。軸突(Axon)將電脈衝從細胞體輸送到神經元的另一端，軸突末端將電脈衝傳遞到另一個神經元。突觸(Synapse)是一個神經元的軸突末端與樹枝狀之間的連接，它控制激發和抑制化學反應，決定了消息如何在神經元之間傳送。神經元的結構使大腦可以將信息傳遞到身體的其他部位，並控制所有動作。

神經網路根據神經元構造建模，該神經元型態由節點(Node)、權重(Weight)和激活(Activation)組成。節點(細胞體)控制所述神經網路的操作執行計算。權重(軸突)允許不同的信號從一個節點傳遞給其他節點。可以連接到單一節點或多個的具有不同權重節點。激活(突觸)應用閾值功能來決定信號傳送。

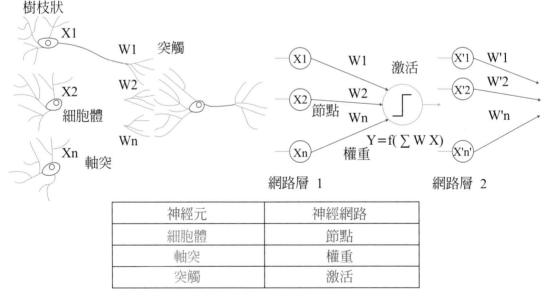

神經元	神經網路
細胞體	節點
軸突	權重
突觸	激活

圖 1-5 人類神經元和神經網路的比較

1-4 流行神經網路

在本章中，它介紹了三種流行神經網路模型，卷積神經網路(Convolution Neural Network - CNN)、遞歸神經網路(Recurrent Neural Network - RNN)和強化學習(Reinforcement Learning - RL)。它們被廣泛應用於我們的日常生活中。

1.4.1 卷積神經網路

卷積神經網路(CNN)被廣泛用於圖像分類和物件檢測。它由輸入、輸出和多個隱藏神經元所組成。輸入神經元負責圖像和影像輸入。隱藏神經元包括卷積層、激活層、池化層及完全連接層。卷積層用作提取物件特徵，將簡單特徵演變為完整特徵圖。激活層刪除無用數據，簡化運作。池化層減少計算，保持特徵圖大小。最後，它使用完全連接層來預測結果。卷積神經網路包括深度卷積神經網路(Deep Convolutional Neural Network - DCNN)、區域卷積神經網路(Regional Convolutional Neural Network - RCNN)、快速區域卷積神經網路(Fast Regional Convolutional Neural Network - Fast-RCNN)、加快區域卷積神經網路(Faster Regional Convolutional Neural Network - Faster-RCNN)和 Yolo 模型。RCNN、Fast-RCNN、Faster-RCNN 和 Yolo 模型不僅可以識別特件，還可以提供附加的物件框架，加強分析物件類別，並廣泛應用於自動駕駛汽車。

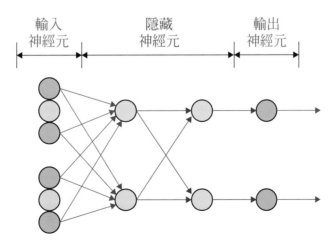

圖 1-6 卷積神經網路

1.4.2 遞歸神經網路

具有類似卷積神經網路架構的遞歸神經網路(Recurrent Neural Network - RNN)用作自然語音處理(Nature Language Processing - NLP)。由於語音輸入是相互關連，因此將輸入序列(稱為時間序列)饋入輸入神經元中進行計算。具有記憶和反饋連接的長期短期記憶網路(Long Short-Term Memory - LSTM)用於遞歸神經網路，它同時考慮了目前和過去的輸入數據，進行計算。常見的遞歸神經網路包括長短期記憶網路(Long Short-Term Memory - LSTM)網路，霍普菲爾德神經網路(Hopfield Neural Network)和雙向關聯網路(Bidirectional Associative Network - BAM)。長期短期記憶網路通常用於語音助理，例如 Google Home 和 Amazon Echo。

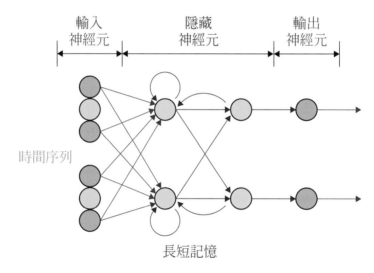

圖 1-7　遞歸神經網路

1.4.3 強化學習

強化學習(Reinforcement Learning - RL)與卷積神經網路不同。它由代理(Agent)和環境(Environment)所組成。取決於當前狀態和環境變化，代理會做出不同的反應，以達至最大化累積獎勵。強化學習已廣泛應用於影像遊戲設計和機器人控制。典型的強化學習包括深度 Q 網路(Deep Q Network - DQN)和優勢行動批評神經網路(Advantage Actor Critic - A3C)。

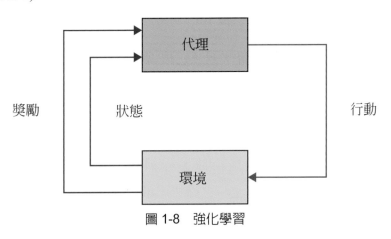

圖 1-8　強化學習

網路分類

根據學習機制對神經網路進行分類，將其分為監督學習、半監督學習和無監督學習。

1.5.1 監督學習

監督學習使利用預設和輸入數據，進行訓練，儘量減少預測和輸出之間的誤差。成功訓練後，網路模型可以準確預測結果。流行的監督模型是卷積神經網路(Convolutional Neural Network - CNN)和包含長期短期記憶網路(Long Short-Term Memory Network - LSTM)的遞歸神經網路(Recurrent Neural Network - RNN)。

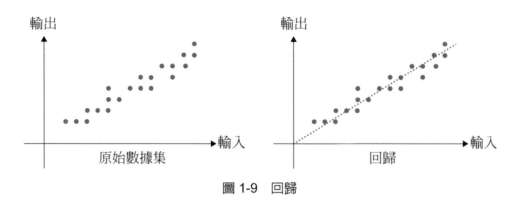

圖 1-9　回歸

　　回歸(Regression) 通常用於監督學習。它根據輸入和輸出之間的關係，基於所述輸入數據，預測結果。常見的回歸是線性回歸(Linear Regression - LR)。

1.5.2 半監督學習

　　半監督學習基於部分預測輸出數據進行訓練，其中強化學習(Reinforcement Learning - RL)是最好的例子。未標記的數據與少量預測數據混合，可以提高不同環境下的學習準確性。

1.5.3 無監督學習

　　無監督學習是從數據集中學習重要特徵的，網路模型通過群集(Clustering)，減少(Reduction)和生成(Generative)技術，從數據中分析輸入數據之間的關係。示例包括自動編碼器(Auto Encoder - AE)，受限玻爾茲曼機(Restricted Boltmann Machine - RBM)和深度信任網路(Deep Belief Network - DBN)。

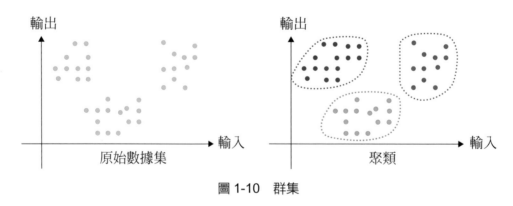

圖 1-10　群集

群集是用於無監督學習的常有用技術，將數據集分為多個組別，將類似數據分配至相似組別中。在流行的群集算法是 k 均值技術(k-means technique)。

1-6　神經網路操作

神經網路操作主要分為兩個主要操作：訓練和推理。

1.6.1 訓練(Training)

與人類學習相似，神經網路需要長時間訓練以識別特徵。訓練將數據集輸入到神經網路中，更新網路函數，儘量減少預測和輸出之間的誤差。訓練是利用密集計算，以浮點格式提高預測準確性。使用雲計算(Cloud Computing)或高性能計算處理器(High Performance Computing - HPC)需要幾小時到幾天訓練網路模型。

1.6.2 推論(Inference)

應用訓練後的神經網路模型，只需要幾秒鐘便能預測結果，此操作稱為推論。大多數深度學習處理器都針對推論而設計，用於嵌入式應用程序(Embedded Applications)進行了優化，尤其是針對物聯網(Internet of Things - IoT)。它使用定點格式簡化了計算，並通過網路修剪和消除了零運算，藉以加速運算。

1-7　實驗－YOLO 物件偵測

YOLO(You Only Look Once)是 one stage 的物件偵測方法，也就是只需要對圖片作一次 CNN 架構便能夠判斷圖形內的物體位置與類別，因此提升辨識速度。本章節將以 GPU 的資源來執行 YOLO 模型推論來完成物件偵測。

1.7.1 專案下載

首先，進入到欲存放專案的路徑，用 git[2]指令下載耐能的專案

```
git clone https://github.com/kneron/Kneron_Computer_Lab.git
```

或直接至網站 https://github.com/kneron/Kneron_Computer_Lab 下載

1.7.2 Python 環境安裝

請從 https://www.python.org 下載操作環境對應的 Python 3.8 軟體安裝包，然後執行安裝程序(Windows x86-64 為 64 位元，而 Windows x86 是 32 位元)。

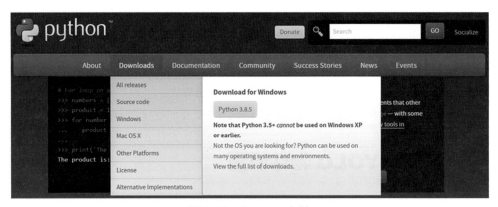

圖 1-11　Python 安裝

- Python 3.8.6 - Sept. 24, 2020

Note that Python 3.8.6 *cannot* be used on Windows XP or earlier.

- Download Windows help file
- Download Windows x86-64 embeddable zip file
- Download Windows x86-64 executable installer
- Download Windows x86-64 web-based installer
- Download Windows x86 embeddable zip file
- Download Windows x86 executable installer
- Download Windows x86 web-based installer

圖 1-12　Python 網頁

　　安裝 Python 軟件包，應選擇"Customize Installation"將文件安裝在正確的路徑中，然後選擇"將 Python 添加到 PATH"選項。

圖 1-13　Python 包安裝

　　在"Optional Features"目錄中選擇所有選項，然後在"Advanced Options"選單中指定安裝位置。64 位元可安裝在 C：\ Program Files \ Python \ Python38 中。對於 32 位則可安裝在 C：\ Program Files (x86)\ Python \ Python38 中。

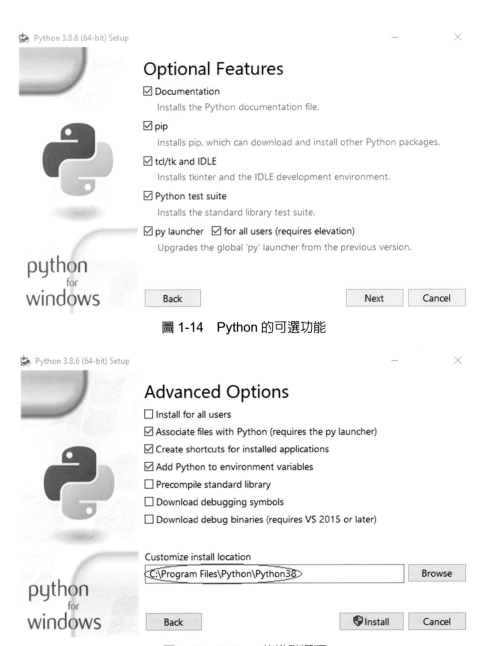

圖 1-14　Python 的可選功能

圖 1-15　Python 的進階選項

1.7.3 軟體安裝

安裝完 python 後可從 "開始功能表" 中選取 PowerShell 作指令操作。

圖 1-16　PowerShell

更新 PIP 指令，並安裝相關軟體庫。

```
python -m pip install --upgrade pip
pip install numpy==1.19.3
pip install opencv-python
```

1.7.4 圖像物件檢測

首先進入下載的專案目錄 Kneron_Computer_Lab\python，並在 PowerShell 中執行指令。

```
python .\sw_yolo3.py -h
```

可看到有兩種選擇，輸入圖片或是直接開起攝影機偵測物件。

```
usage: sw_yolo3.py [-h] [-t TASK_NAME]

Run Yolov3 examples by calling GPU calculation

optional arguments:
  -h, --help            show this help message and exit
  -t TASK_NAME, --task_name TASK_NAME
                        image
                        camera
```

請注意：這邊如果使用筆電會開啟筆電上的攝影機，請先確認攝影機沒有被其他應用程序所使用。

請注意：

\Kneron_Computer_Laboratory\Kneron_Computer_Lab\python\common\yolo-coco 中的 weights 檔因為檔案太大(242MB)無法上傳至 github，文件記載下載網址 https://www.kneron.com/tw/support/education-center/?download=19

下載後請將檔案解壓縮，並取代資料夾 \Kneron_Computer_Lab\python\common\yolo-coco

　　將想要用來進行推論的圖片放入資料夾(\Kneron_Computer_Lab \python\images)中，或直接使用資料夾內的範例圖片，在運行命令中加入引數 image。

```
python .\sw_yolo3.py -t image
```

　　接著在 Input image file: 後輸入圖片檔名，按下 Enter 後即可看到推論結果。

```
python .\sw_yolo3.py -t image
Task:  image
Input image file: soccer.jpg
person: 1.0000 222,82 344,297
person: 0.9999 109,70 172,230
person: 0.9996 19,63 95,265
person: 0.9994 403,80 559,374
sports ball: 0.9992 333,268 370,301
person: 0.9041 231,116 267,183
person: 0.6146 375,99 446,223
```

圖 1-17　圖像物件檢測(GPU)

1.7.5 相機物件檢測

相機物件檢測將直接使用電腦的鏡頭進行對象檢測，使用前請先確認鏡頭有正確連接到電腦，桌上型電腦的話請另外購置 USB webcam 並連接上電腦。因為使用 GPU 的資源來運算，依據所使用的電腦效能不同，執行的流暢度會有差異。一般電腦可以明顯的感受到因開始大量運算導致畫面反應變得很慢。

要透過相機鏡頭來執行物件偵測，請改在運行命令中加入引數 camera。

```
python .\sw_yolo3.py -t camera
python .\sw_yolo3.py -t camera
Task:  camera
```

圖 1-18　相機物件檢測(GPU)

1-8　耐能神經處理器

　　相較於一般電腦因 GPU 效能不足而無法有流暢的 AI 推論表現，搭配使用 AI 運算加速器則可以讓各種 AI 應用不在受限於操作環境本身的效能，耐能神經處理器即為一種輕巧便利的 AI 加速器。

圖 1-19　耐能神經處理器

　　耐能神經處理器(Kneron Neural Processing Unit - NPU)被稱為 KNEO STEM 人工智能(AI)加速器 – 耐能 KL-520 USB 人工智慧加速棒(Kneron KL-520 USB AI dongle)。它允許開發人員基於主流神經模型和框架(即 Keras，TensorFlow，PyTorch，Caffe 和 ONNX)構建應用程序，提供了更好的性能和更低的功耗。只需將 KNEO Stem 插入電腦，即可開發不同的人工智能應用程序。在第二章的實驗中，將帶領大家體驗更多。

開發資源：http://www.kneron.com/developer_center/

軟體庫：https://github.com/kneron/host_lib

購買方式：Kneron KL520 USB AI Dongle (icshop.com.tw)

習題

1. 第四波工業革命如何改變世界？

2. 如何描述人工智慧、機器學習和深度學習之間的差異？

3. 為什麼人們擔心機器人的崛起？

4. 人工智慧對醫療保健、金融、零售、製造業、農業和智慧城市有什麼影響？

5. 人工智慧如何影響未來的就業市場？

6. 神經網路如何從人類神經元衍生而來？

7. 什麼是三種流行的神經網路和它們的功能？

8. 如何對神經網路進行分類？

9. 什麼是神經網路的基本操作？

CHAPTER 2

神經網路架構

本章介紹經典的神經網路模型 AlexNet [16]，它由八層神經網路層組成，前五層是捲積層(Convolutional Layer)，非線性激活層(Activation)，即修正線性單元(Rectified Linear Unit - ReLU)。隨後是最大池化層(Max Pooling Layer)，以減少內核大小，簡化計算，然後是本地響應歸一化層(Local Response Normalization - LRN)，以提高計算穩定性。最後三層是用於對象分類的完全連接層(Fully Connected Layer)。

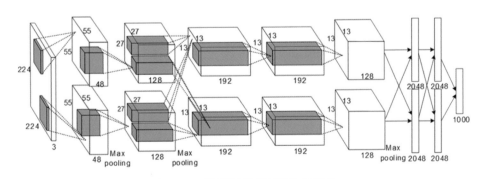

圖 2-1　卷積神經網路體系結構

　　更深更廣的神經網路模型，通過眾多神經網路層將簡單的特徵演化爲完整的特徵[17]，並獲得更好的預測結果。深度學習的缺點是密集計算和高儲存空間要求，需要執行 11 億次運算更新模型參數。因此，神經處理器(Neural Processing Unit - NPU)被引入在實驗中應用，不僅將浮點(float)運算轉換到整數點(Integer)計算，並輔以網路修剪和跳過無效網路節點方法，減少網路稀疏帶來零計算，增加運算速度，加速推論。

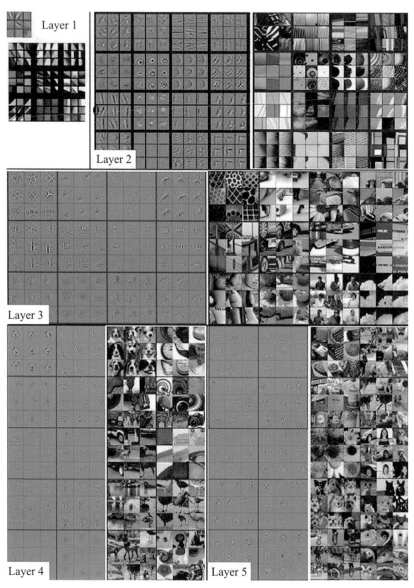

圖 2-2　AlexNet 特徵映射演進

2-1　卷積層

　　卷積層目標用於物件特徵提取。輸入圖像(稱為輸入特徵圖 — input feature map)與濾波器(filter)卷積，從圖像通道[1]提取特徵。濾波器會滑過圖像像素，與相應的圖像像素相乘後，並將結果相加。一直重複該過程，直到處理完所有圖像像素為止。輸入圖像以批量形式進行，以提高濾波器的使用效率。輸出結果稱為輸出特徵圖(output feature map)。某些網路模型，在計算中更引入額外偏差(bias)。零填充(zero padding)常用於濾波器周邊，避免圖像失真。滑動窗步幅(stride)則避免過大輸出特徵圖。

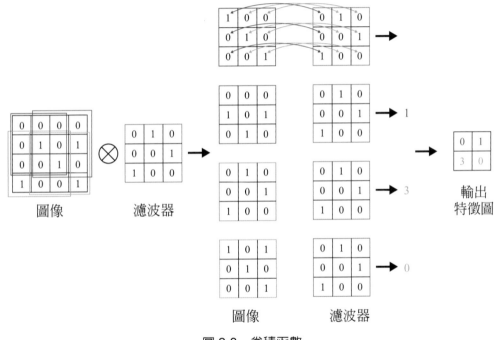

圖 2-3　卷積函數

$$Y = X \otimes W$$

$$y_{i,j} = \sum_{m=0}^{M-1}\sum_{n=0}^{N-1} x_{m,n} w_{i-m,j-n}$$

2-1

2-2

y 是輸出特徵圖；x 是輸入圖像；w 是過濾器權重

---

[1]　圖像像素通常由三個不同圖像通道中的基本顏色 R(ed)、G(reen)、B(lue)表示

2-2 激活層

在卷積層或完全連接層之後，為非線性激活層(Nonlinear Activation)，也稱為閾值函數。它糾正了卷積負結果，表示特徵不存在，將結果定為零，並引入網路稀疏。使用網路修剪和跳過無效網路節點方法，減少網路稀疏帶來零計算，增加運算速度。非線性激活函數中以修正線性函數(Rectified Linear Unit - RLU)是最常用激活函數。

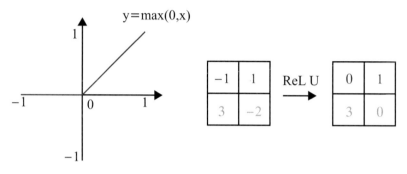

圖 2-4　激活函數

$$y = \max(0, x)$$

y 是激活輸出；x 是激活輸入

2-3 池化層

池化用於減少特徵圖的尺寸；網路變得更加穩定，並不受微小偏差影響。池化進一步分為最大池化(max pooling)和平均池化(average pooling)。最大池化從組別中選擇最大數值，而平均池化是組別中的平均值。最大池化優勝於平均池化，因為它可以區分圖像中的微小特徵。

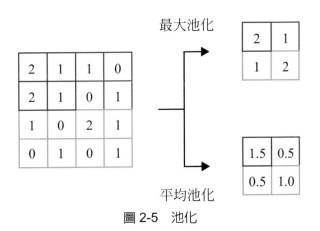

圖 2-5　池化

最大池化　　$y = \max(x_{mn})$

平均池化　　$y = \dfrac{1}{MN} \displaystyle\sum_{m=0}^{M-1}\sum_{n=0}^{N-1} x_{m,n}$

2-4

2-5

y 是池化輸出；x 是池化輸入

2-4　批量歸一化層

　　對於深度學習，每層輸出將饋送到下一層輸入，數據分佈與預測精準有直接關係。批量歸一化以零均值和單位標準偏差。通過歸一化和縮放，它使網路不受權重初始化和協量變化影響。它加快了訓練速度。而批量歸一化(Batch Normalization - BN)替代了本地響應歸一化(Local Response Normalization - LRN)，使結果進一步量化和轉移。

2-5 丟棄層

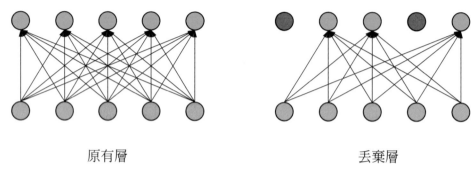

原有層　　　　　　　　　　　　　丟棄層

圖 2-6　丟棄層

在訓練期間，丟棄層會刪除部份神經元，減少神經元之間聯繫，來防止過度擬合。

2-6 全連接層

完全連接的層用於對象分類。可以將其視為沒有權重共享的卷積層，並複用卷積層的計算。

$$y = \sum_{m=0}^{M-1}\sum_{n=0}^{N-1} x_{m,n} w_{m,n}$$

2-6

y 是完全連接的層輸出；x 是完全連接的圖層輸入

2-7 實驗－透過耐能神經加速器完成 YOLO 物件檢測

相較於第一章透過 GPU 的效能來完成 YOLO 模型推論，本章節將改將推論的運算透過神經加速器來完成，如此一來，即便在推論計算的過程中，應用程式將不會因為效能不足而無法流暢運行。

2.7.1 操作環境安裝

耐能神經處理器是一種 USB 設備，在 Microsoft Windows 下需要額外安裝 USB 驅動程序，安裝步驟如下：

■ 從 https://zadig.akeo.ie/ 下載 Zadig 應用程式。

■ 將耐能神經網路處理器插入 USB。

■ 運行 Zadig 應用程式。

■ 耐能神經網路處理器 USB ID 為 3231 / 0100，預設名稱為 Unknown Device #1，可點擊右方 Edit 方框更名(未來在裝置管理員中將顯示此名稱)，Driver 的部分選擇 "WinUSB"(下圖圈選處)。

- Python 3.7.8 - June 27, 2020

Note that Python 3.7.8 *cannot* be used on Windows XP or earlier.

- Download Windows help file
- Download Windows x86-64 embeddable zip file
- Download Windows x86-64 executable installer
- Download Windows x86-64 web-based installer
- Download Windows x86 embeddable zip file
- Download Windows x86 executable installer
- Download Windows x86 web-based installer

圖 2-7　耐能 KL520 驅動程序安裝

接著需透過下列指令安裝耐能神經網路處理器的軟體庫。

```
cd Kneron_Computer_Lab\pkgs
pip install .\kdp_host_api-1.1.2_win_-py3-none-any.whl
```

2.7.2 韌體與模型燒錄

環境安裝完成後連接上耐能神經網路處理器，接著開啟專案後輸入指令。

```
cd Kneron_Computer_Lab\python
python kdp_yolov3.py -h
```

可以看到除了有 image 與 camera 兩種參數選擇之外，還有 update_app 的選項。

```
Kneron Neural Processing Unit

optional arguments:
 -h, --help            show this help message and exit
 -t TASK_NAME, --task_name TASK_NAME
                       image, camera, update_app
```

因為耐能神經網路處理器可以支援多種不同的神經網路模型，在執行本章節之前，請先確認韌體與模型皆支援 YOLO 推論。

輸入下列指令後會開始更新韌體與模型，注意，此步驟會更換掉耐能神經處理器中的韌體與模型，整個步驟大約需要三分鐘。

```
python kdp_yolov3.py -t update_app
Initialize kdp host lib ....


Add kdp device ....
Start kdp host lib ....


Start kdp task: update_app
starting update fw ...


update SCPU firmware succeeded...


update NCPU firmware succeeded...


starting update model: 1...


update model succeeded...


report sys status succeeded...



SCPU firmware_id 1.2.0.0 build_id 16


NCPU firmware_id 1.2.0.0 build_id 1



Exit kdp host lib ....
```

2.7.3 圖像物件檢測

確認燒錄完成後，即可輸入引數 image 來可以選擇圖片作推論。

```
python kdp_yolov3.py -t image
```

鍵入要做推論的檔案名，請事先將圖片檔存放於資料夾\Kneron_Computer_Lab\python\images，若在資料夾中找不到輸入的檔案名稱，應用程式將會結束。

```
python .\kdp_yolov3.py -t image
Initialize kdp host lib ....


Add kdp device ....
Start kdp host lib ....


Start kdp task:  image
Input image file: elephant.jpg
starting ISI mode...


ISI mode succeeded (window = 3)...


image 0 -> 1 object(s)
Input image file:
```

圖 2-8　圖像檢測結果

2.7.4 相機物件檢測

將引數改為 camera 後再次執行，執行後若欲結束視窗，可按 q 離開程式。

```
python .\kdp_yolov3.py -t camera
Initialize kdp host lib ....


Add kdp device ....
Start kdp host lib ....


Start kdp task: camera
starting ISI mode...


ISI mode succeeded (window = 3)...


image 0 -> 1 object(s)
```

```
image 1 -> 1 object(s)


image 2 -> 1 object(s)


image 3 -> 1 object(s)
```

圖 2-9　相機檢測結果

2.7.5 神經網路處理器的優勢與缺點

　　完整的執行耐能神經處理加速器的 YOLO 範例後，將會發現在某些物件識別度並不如前一章節 GPU 範例的結果，但流暢度大幅的提升，這是因為兩者在結構上的不同。相較於 GPU 以高運算量暴力的算取高精準度的結果，耐能神經處理加速器針對神經網路的需求去作設計，來達到輕巧低功耗的效果，而這樣的特性使得耐能神經網路處理加速器更易於與各種產品的結合，讓 AI 無所不在。

習題

1.　為什麼更廣更深的卷積神經網路預測結果更準確？

2.　更廣和更深的神經網路的缺點是什麼？

3.　為什麼深度學習模型經常採用卷積層運作？

4.　激活層的功用是什麼？

5.　激活層的缺點是什麼？

6.　為什麼選擇最大池化而不是平均池化？

7.　卷積層如何修改成為全連接層？

CHAPTER 3

醫療保健

　　美國醫療保健支出金額比很多國家為高，但數百萬的美國人沒有醫療保險，五分之一的病人買不起處方藥物。儘管製藥公司以利潤為主導，但研發和營銷的成本卻甚高，結果藥物價格高昂，導致病人沉重負擔。此外，低效率的文書處理和缺乏共享醫療數據，也是造成美國高昂醫療保健主要原因。而人工智慧則被認為可以改善醫療保健困境[18, 19, 20, 21]，並解決長期的問題，幫助醫生診斷病人，分析檢驗結果，建議治療處方，大大減低病人因失誤而導致死亡。

3-1　遠距治療

　　對於生活在偏僻農村地區的病人，需要花上很長時間才可到達最近距離的診所就診。由於地理環境的原因，所以特別注重及早發現病徵與治療。而人工智慧[22]則可以解決目前困難，提供遠距治療。使用智慧手錶(或手環)或手機，可以測量體溫，血壓，心跳，心電圖及其他檢查，避免耗費時間到診所或醫院檢測。當發現不正常的血壓和心跳，便立即作出中風或心臟病發的評估，並與患者聯繫，減低因病失救情況。

　　由於疾病大流行(Pandemic)遠距治療更成為就診代替方法，醫生通過電話/視訊會議對病人進行檢查。在人工智慧的支援下，大量檢測的信息通過機器學習軟體進行分析，使醫生能作出正確的診斷醫治。目前遠距治療正在逐步擴大發展，無論病人身處何方何地，在不久的將來，都可以獲得最好的專業治療。

圖 3-1　遠程醫療

3-2　醫療診斷

　　醫療失誤是美國病人死亡的第三大原因。由於醫生短缺，醫生很難為每位病人在短時間內作出詳細檢查，正確的診斷，並分析大量醫療數據。而人工智慧[23, 24, 25]可以幫助醫生避免錯誤的診治，通過收集成千累萬病徵，然後分析病情，作出正確的診治，提供意見。並建議不同的檢查，例如驗血和 X 光檢測。此外，人工智慧可以不斷學習病症的徵狀，以提高診斷準確性。不僅可以避免醫療失誤，而且加速康復過程，使病人能及早接受治療，並降低了昂貴的治療費用。

圖 3-2　醫療診斷

3-3　放射分析

　　人工智慧除了解決耗費時間的疾病確認及適當治療，更應用於放射分析[26, 27]，輔助癌症檢測，並處理三維視像器官的自動分類，以自語音處理方法，將報告及建議送呈醫生。目前人工智慧在放射分析應用尚未普及，因為醫生並未完全了解人工智慧為測試，檢查和分析數據帶來的益處。

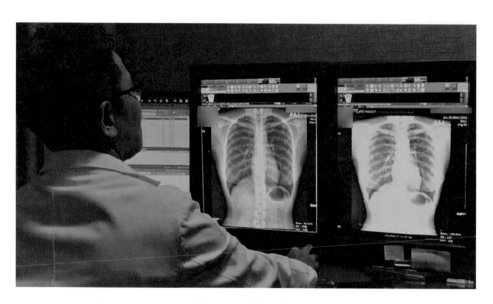

圖 3-3　放射分析

　　人工智慧以機器學習用於表面數據分析。對圖像作出"癌症"或"無癌症"的預測。普遍用於常規篩查檢查，如乳房 X 光照片，胸部掃描和結腸造影。人工智慧可以透過 X 光照片，電腦斷層掃描(Computerized Tomography Scan - CT Scan) 和磁力共振掃描(Magnetic Resonance Imaging - MRI)，並利用資料庫來識別潛在問題。人工智慧可以通過 X 光照片，診斷早期肺病徵狀，優勝於傳統方法，因為醫生需要數周至數月才能完成診斷過程。而人工智慧能在一天的時間內完成 X 光照片分件檢測，減少時間延誤，從而大大提高了診斷效率。

　　人工智慧中的深度學習更可以進一步分析圖像中更複雜結構。模仿人腦處理繁複的數據，並作出關鍵的決策。當深度學習在放射分析中全面普及後，除提供準確的診斷，並通過三維視像器官分類方法，使醫生明瞭個別病人器官分佈，進一步減輕醫生負擔。

　　人工智慧在放射分析應用有著很大潛力，但也面對實際環境，當人工智慧預測癌症的風險為 10%，醫生和病人都難以決定是否需要進行手術。而任何技術的失誤，都導致醫生承擔更多壓力，失卻引入人工智慧在醫療保健的原意。在實際運作中，醫院和保險公司都無法為人工智慧制定清晰準確業務標準。病人可能不願意支付高昂人工智慧治療的金額。

3-4 智慧設備

　　人工智慧在其中一項貢獻是智慧設備使用[28, 29]，例如智慧手錶通過心電圖 (Echocardiogram - ECG)用以檢測查心臟的運行跳動。病人通過智慧手錶向醫生傳送日常健康記錄，除了測量體溫，監測血壓和睡眠模式，並以心電圖顯示病人心臟病的風險。深度學習可以預測不規則的心律運行，稱為心房顫動試驗(Atrial Fibrillation - AF)。在人工智慧出現之前，需要經過複雜儀器檢測，通過深度學習便能從簡單心電圖預測心臟病和中風的風險。早期診斷對病人尤為重要，進一步拖延可能導致中風和嚴重後果。深度學習也可以憑健康記錄預測不同病症及死亡風險，提醒病人及早診治，減低死亡威脅。

圖 3-4　智慧醫療設備

　　智慧手錶也可以記錄睡眠狀態，因為睡眠對健康有著重要作用。良好的睡眠代表優質生活質和身心健康。不良睡眠則預示潛在的健康問題，需要儘早諮詢醫生，以改善睡眠質素。智慧手錶的血壓測量也可記錄健康狀況，高血壓會損害身體健康，嚴重導致中風癱瘓，是美國第五大死亡原因。

智慧設備還可以延伸到糖尿病的分析，血糖檢查可以晝夜監測血糖水平，讓醫生跟據血糖記錄為病人提供正確的飲食菜單。當血糖水平達到危險時，即時對病人發送危險信號，提醒病人立即醫治。而具有糖尿病的家族病史，智慧設備可以監控病人健康狀況。當識別糖尿病症狀時，便會提醒病人改變飲食習慣，並聯絡醫生進行進一步檢查，為病人提供健康保障。

3-5　電子病歷

人工智慧將在電子病歷(Electronic Health Record - EHR) [30]自動化管理中發揮巨大作用。目前，醫生每週需要花費大量時間在文書處理工作上，因此醫生診治病人的時間相對減少了，並增加醫生壓力，既不利於工作，更不利於病人。結果，到 2030 年，美國人的醫生短缺將達至 12.2 萬，很多的醫生因不能承受沉重工作壓力，而離開醫生崗位。人工智慧能快速完成行政工作，改變目前狀況，比人類更快捷準確完成文書處理。隨著人工智慧的發展，自然語音處理(Natural Language Processing - NLP)將醫生口述病人病症和治療方法，轉化至文字檔案，大量節省醫生的工作和時間。

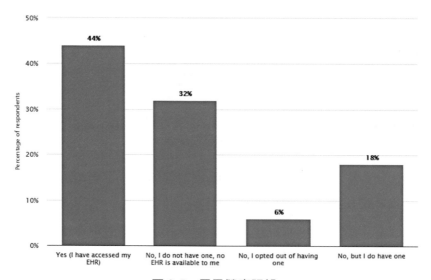

圖 3-5　電子健康記錄

人工智慧還可以將臨床數據通過不同的電腦系統傳輸到另一家醫院。例如，當一名患者從洛杉磯的一家醫院轉送至紐約時，醫院可以通過人工智慧將病歷轉化至一系統。這並不局限於美國地區之間傳送。當病人從美國到訪墨西哥旅遊，人工智慧能打破語言障礙。病人可以從智能手機中，將病歷轉化，並傳送到墨西哥當地醫生，衝破英語和西班牙語之間障礙，對醫療診治有著深遠的影響。當病人病歷無法有效地傳送，將延誤病人診治，嚴重更可能導致死亡。而電子病歷最大關注是確切保障病人隱私和避免病歷外洩。

3-6　藥物開發

　　除了診治以外，人工智慧在藥物開發也發揮著巨大作用。預計由人工智慧開發藥物[31]，在 2024 年將達至 10 億美元，它提供更快速，更便宜藥物研究和開發。儘管美國資助了全球一半的藥物研發經費，但新藥的研發過程非常繁瑣且困難，製藥公司需經過臨床試驗，並獲得政府的批准，才能上市。領先藥物製造輝瑞公司(Pfizer)，採用萬國商業機器(IBM)的沃森(Watson)機器學習系統對免疫腫瘤藥物研發，可以分析複雜繁瑣數據，並探索隱藏忽略的方法，來改變生物技術和製藥研發，提高整體效率。

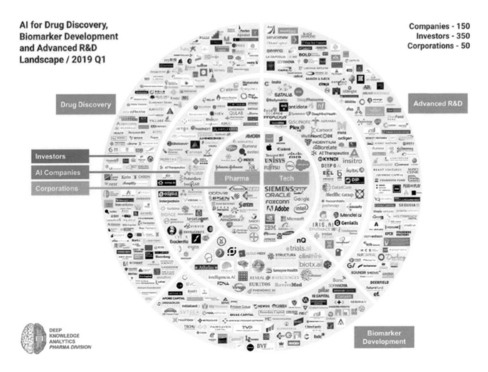

圖 3-6　藥物開發

在創新發展的支持下，文字辨析系統可以掃描數百萬種醫學文獻和遺傳學數據集，以識別新的分子結構，不但降低錯誤，並將藥物開發時間從幾年縮短到數月。此外，人工智慧可以優化生產過程，收集臨床數據，評估對病人反應，並預測藥物的療效，因此減少浪費在食物藥品管理局(Food and Drug Administration - FDA)審批時間，加速藥品上市。

3-7 醫療機器人

醫療機器人[32, 33]正廣泛應用於醫療保健不同的崗位。除了處理病人記錄和保險資料，並安排不同的檢查治療，充分利用醫療資源，避免耽延時間。還幫助分析檢查結果、病人病歷、藥物處方和治療計劃，爲醫生提供了更好的治療建議。此外，醫療機器人可以對疾病進行分析研究，並預警疾病爆發，提醒醫生病人相應預防措施。

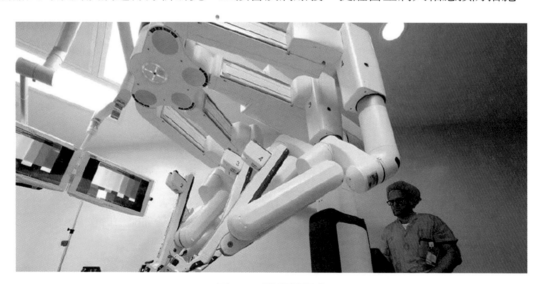

圖 3-7　醫療機器人

目前，醫療機器人更延伸至手術輔助，提供更好控制，特別是視覺助理和機械臂控制。例如：心臟外科醫師使用微型機器人 Heartlander 進入胸部的小切口，在心臟表面進行掃描和治療，減少對病人身體創傷，加快復原。儘管醫療機器人可能對醫療保健產生巨大益處，但仍需考慮對個人及社群倫理影響。

3-8　老年護理

　　老化是社會日益嚴重問題，預計 60 歲以上的人口將從 2017 年的 9.62 億增長到 2050 年的 21 億。老年人護理[34]在不久的將來會變得越來越重要。目前醫生和護理人員和很難滿足老人需求。隨著人工智慧的出現，不僅可以監測老人健康狀況，還可以檢測潛在的健康問題，及早治療。人工智慧還可以充當虛擬助理，幫助老人護理和照顧服藥，還可以解答老人醫療詢問，並安排覆診檢驗。並通知家人任何居家意外事故(例如老人摔倒)，保障老人生命安全。

圖 3-8　老年人護理

　　人工智慧在醫療保健發展具有巨大潛力，但卻涉及醫療系統龐大勞動力，對美國經濟產生深遠影響。目前，醫療保健佔美國國民生產總值約 17%，僱用了數以百萬計的員工。而人工智慧的普及，將取代醫療系統中很多職位。由於人工智慧能有效分析和處理醫療數據，因此許多工作將被淘汰。雖然員工能經過培訓，能適應新的工作環境，職位空缺將無法滿足大量失業員工，而培訓所需的時間，將影響員工收入。除了失業以外，人工智慧的一大障礙是高昂成本。製造維修大量的醫療機器人都是十分昂貴，資金的來源成最大問題，無論是私營企業或聯邦政府。高昂的成本可能影響國家經濟。任何通過債務，徵稅或削減社會福利，增加赤字及稅收都損害經濟發展。尤其是削減社會福利，將對數百萬窮人極為不利，人工智慧在醫療保健發展，須權衡輕重，滿足各方面要求。

3-9 　實驗－硬體物件檢測

在本章中，介紹瞭如何將耐能神經處理器應用於物件檢測，除加載軟體庫，並設定系統參數，使用 Python 3.8 控制耐能神經處理器對物件檢測。

3.9.1 軟體庫設置

執行物件檢測，使用 Python import function 加載軟體庫。kdp_wrapper 用於對象檢測，而 kdp_ yolo v3 支持本書中示例。所有示例都存儲在<安裝路徑> / kdp_yolov3 中。

```
1.   # 載入系統所需的程式庫
2.  import argparse
3.  import os
4.  import cv2
5.  import ctypes
6.  from common import constants
7.  from python_wrapper import kdp_wrapper
8.  from python_wrapper import kdp_examples
9.  from python_wrapper import update_app
10.  from kdp_host_api import (kdp_add_dev, kdp_init_log,
    kdp_lib_de_init, kdp_lib_init, kdp_lib_start)
```

圖 3-9 　耐能神經處理器軟體庫

3.9.2 系統參數

```
1. # KL520 參數定義
2. KDP_USB_DEV        = 1              # 定義 USB 裝置的系統參數
3. user_id            = 0              # 定義使用者 ID
4. IMG_SRC_WIDTH      = 640            # 規範輸入影像的寬度
5. IMG_SRC_HEIGHT     = 480            # 規範輸入影像的高度
6. ISI_YOLO_ID        = constants.APP_TINY_YOLO3    # 規範所使用的模
    型
7. image_size         = IMG_SRC_WIDTH*IMG_SRC_HEIGHT*2  # 規範所使
    用影像大小
```

圖 3-10 　具有圖像大小定義的系統參數

系統參數 IMG_SRC_WIDTH 和 IMG_SRC_HEIGHT 為輸入圖片或影像的尺寸，耐能神經處理器會將此尺寸轉化成神經網路模型所需要的解析度。在本書的範例中，不管輸入圖片或影像的解析度為何，都會透過 opencv 將解析度轉換成 640x480 後送入神經網路處理器作推論。

神經處理器初始化

```
1.  # 針對耐能神經網路加速器作初始化
2.  kdp_init_log("/tmp/", "mzt.log")
3.
4.  print("Initialize kdp host lib  ....\n")
5.  if (kdp_lib_init() < 0):
6.      print("Initialize kdp host lib failure\n")
7.
8.  print("Add kdp device ....")
9.  dev_idx = kdp_add_dev(KDP_USB_DEV, "")
10. if (dev_idx < 0):
11.     print("Add kdp device failure\n")
12.
13. print("Start kdp host lib ....\n")
14. if (kdp_lib_start() < 0):
15.     print("Start kdp host lib failure")
```

圖 3-11　耐能神經網路處理加速器初始化源代碼

使用 kdp_init_log 設置運行日誌(log)，然後使用 kdp_lib_init 始化驅動，並使用指令 kdp_add_dev 連結電腦與耐能神經處理加速器。

3.9.3 圖像檢測

```
1.      # 開啟 ISI 模式
2.      if (kdp_wrapper.start_isi(dev_idx, ISI_YOLO_ID,
    IMG_SRC_WIDTH, IMG_SRC_HEIGHT)):
3.          return -1
4.
5.      # 執行圖像推論
6.      while image_flag:
7.          image = cv2.imread(image_path)
8.          kdp_examples.image_inference(dev_idx, ISI_YOLO_ID,
    image_size, image, img_id_tx, frames)
9.          img_id_tx += 1
10.         image_name = input('Input image file: ')
11.         image_path = os.path.join(data_path, image_name)
12.         image_flag = os.path.isfile(image_path)
```

圖 3-12　圖像檢測源

對於圖像檢測，使用指令 start_isi 啟動圖像流推論(Image Streaming Inference - ISI)順序處理模式，然後是經過 image_inference 來輸入推論圖片。此外，frames 用於存儲圖像而 img_id_tx 則是用於統計分析。

```
python .\kdp_yolov3.py -t image
Initialize kdp host lib ....


Add kdp device ....
Start kdp host lib ....


Start kdp task:  image
Input image file: dog.jpg
starting ISI mode...


ISI mode succeeded (window = 3)...


image 0 -> 1 object(s)
Input image file:
```

圖 3-13　圖像檢測結果

3.9.4 相機檢測

　　圖像和視像檢測之間的分別在於輸入的源頭，透過連接至電腦的 USB 鏡頭。藉由 setup_capture 獲取影像，接著函式 start_isi 啟動 ISI 模式。將影像分解成數幀(frame) 後將每幀的圖像傳送至 camera_inference 進行物件檢測。此範例中，最終的檢測結果 影像約可達到 6～7 FPS 的幀速率(frame rate)。

```
1.      #設定 webcam 抓取影像來源
2.      capture     = kdp_wrapper.setup_capture(0,
   IMG_SRC_WIDTH, IMG_SRC_HEIGHT)
3.      if capture is None:
4.          print("Can't open webcam")
5.          return -1
6.
7.      # 開啟 ISI 模式
8.      if (kdp_wrapper.start_isi(dev_idx, ISI_YOLO_ID,
   IMG_SRC_WIDTH, IMG_SRC_HEIGHT)):
9.          return -1
10.
11.     # 執行視訊推論
12.     while True:
13.         kdp_examples.camera_inference(dev_idx,
   ISI_YOLO_ID, image_size, capture, img_id_tx, frames)
14.         img_id_tx += 1
```

圖 3-14　相機檢測源代碼

```
python .\kdp_yolov3.py -t camera
Initialize kdp host lib ....


Add kdp device ....
Start kdp host lib ....


Start kdp task: camera
starting ISI mode...


ISI mode succeeded (window = 3)...


image 0 -> 1 object(s)


image 1 -> 1 object(s)


image 2 -> 1 object(s)
```

圖 3-15　相機檢測結果

習題

1. 在疾病大流行期間，遙距治療有什麼巨大作用？

2. 如何以人工智慧避免診斷錯誤？

3. 人工智慧如何提高放射分析的準確性？

4. 智慧設備能否改善病人健康嗎？

5. 電子病歷面臨哪些挑戰？

6. 人工智慧在藥物開發中有什麼好處？

7. 病人是否會信任醫療機器人進行手術？

8. 人工智慧能否在未來十年解決老年人護理問題？

9. 醫療機器人面對什麼倫理道德挑戰？

10. 如何有效在醫療保健系統中推行人工智慧？

CHAPTER 4

金融經濟

　　在人工智慧的新世界中，消費在面對負債，透支和存款不足等潛在問題中預測答案"我今天可以消費嗎？"人工智慧[35, 36]充當銀行財務助理的角色，為消費者做出明智的選擇。從分析個人帳戶，消費模式，並根據財務記錄和風險評佳，作出預測。並分析即時財務狀況，為客戶提供準確和適當理財的建議。除此之外，人工智慧將能為數以千計的企業提高工作效率，通過詐騙檢測和財務管理，為戶客節省數百萬美元，提升彼此關係。在短時間內，人工智慧更能分析大量數據，對大型企業管理尤其重要。

4-1　詐騙檢測

　　根據 Digital Fraud Tracker，詐騙的損失估計高達$ 4.2 萬億美元，詐騙手機應用程式交易從 2015 年至 2018 年間增加了 680%，隨著互聯網發展，駭客網路攻擊日益嚴重，而人工智慧出現[37, 38, 39]，則負起保障網路安全的角色，防止網路被駭客入侵。而且人工智慧的發展更為銀行、信用卡公司、保險公司和金融機構帶來極大好處。

目前人工智慧在金融方面，主要應用於信用卡詐騙檢測，根據過去客戶消費模式和交易記錄，能在短期內，檢測客戶在全球各地懷疑詐騙。並為正常交易定下基本準則，從合法交易中學習相關的數據。當發現交易出現異常，向客戶發出警告信息，並通過生物認證，面部識別或指紋驗證，進一步強化信用卡交易。

圖 4-1　詐騙檢測

人工智慧會能從錯誤中吸取教訓，詐騙檢測能力更隨著時間而增強改進，當系統在沒有任何詐騙的情況下，發出錯誤警告信號，經過錯誤糾正後，人工智慧便從錯誤中吸取教訓，以應付未來更複雜詐騙個案。從長遠發展，人工智慧能從虛假數據中，直接指出洗錢或詐騙行為。

萬事達卡 (MasterCard) 開發了詐騙檢測系統，稱為決策智慧 (Decision Intelligence)。根據過去記錄來分析交易數據，確定交易是否詐騙。不但檢測異常的購物行為，並考慮地理位置、商家資料、購買時間、商品類型和風險評估，大幅度減少了詐騙交易。

圖 4-2　萬事達決策智慧

4-2　財務預測

　　經濟增長全賴正確財務預測。目前，一般公司依靠複雜的軟體預測市場趨勢和模式。提供有關支出，收入和現金流動的前瞻信息，推動公司發展。但是，軟體需要花費大量的精力來收集有關數據，並將其轉化整理，以進行準確的預測。傳統軟體預測的缺點是耗費時間，數據有限和缺乏更新，並加上人為錯誤。而人工智慧[40, 41, 42]能處理大量數據，進行識別分類、預測財務發展和趨勢。並通過轉移學習，合併更新數據。減少耗時複雜的軟體開發，而專注於數據分析，使財務預測變得更準確，促進公司發展成長。

圖 4-3　財務預測

目前，亞馬遜爲企業提供財務預測系統，即亞馬遜預測(Amazon Forecast)，軟體操行不需要具有機器學習經驗。該系統基於財務報告和相關數據，進行財務預測，比一般方法，準確率提高了 50%，並且大幅將預測時間縮短。而且所有數據和結果均使用加密方法進行，有助於公司做出正確的財務預測。

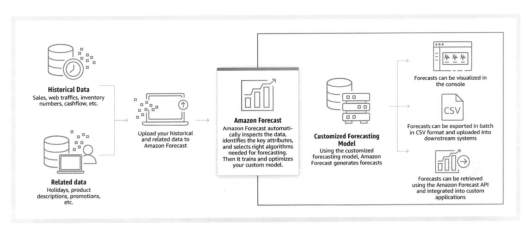

圖 4-4　亞馬遜預測

在政府層面，人工智慧能穩定國家金融經濟，在短時間內處理大量數據，並識別觸發金融波動因素，因爲經濟成長衰退，繁榮蕭條是不可避免。而最重要的是政府能面對經濟衰退，提供財政刺激方案，使國家能迅速恢復成長。人工智慧收集全球的經濟數據，自然天災經濟影響，爲政府提供適當刺激經濟方案，以應付金融危機。

4-3　股票交易

　　在股票交易，人工智慧[43, 44, 45, 46]可以為客戶提供投資組合方案，滿足客戶不同的需求。除了分析大量投資信息，並根據客戶財務狀況和風險壓力，為客戶作出投資決策，建議持有、出售或購買不同的股票。不但分析公司財務報告、銷售情況和發展計劃，更考慮了世界經濟，國際政治和氣候變化，以預測股票價格的波動。

圖 4-5　股票交易

　　人工智慧能進一步分析來自社交媒體(例如推特，臉書和社交網站)的資訊，它涵蓋新產品發布，公司管理層變更和競爭對手的消息，這些信息可以增強對股票價格精準的預測。例如 Alpaca 結合了深度學習和高速數據處理，並與彭博(Bloomberg)合作，為顧客提供股票長短期的預測，並將股票價格複雜變化，轉換為簡單易明信息，使顧客能掌握股票市場投資。

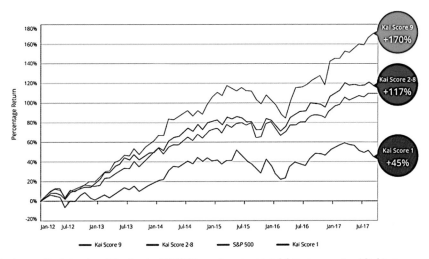

*Based on monthly rebalanced portfolios of stocks of S&P500. Transaction costs not included. Stocks are equally weighted. Past performance is not an indicator of future results.

圖 4-6　股票投資組合的比較

　　Kavout 更將機器學習模型與分流計算結合，即時分析大量市場數據。不限於股票交易記錄，還可以從新聞、博客、社交媒體和分析報告中的獲取相關信息。將所有數據聯繫起來，以對未來股票變化作出預測，並建議股票投資組合，股票投資回報更優勝於財務顧問諮詢。

4-4　銀行業務

　　人工智慧[47, 48, 49]對銀行金融服務有著重大貢獻，尤其擔任財務助理角色，以聊天機器人(chatbot)與客戶溝通，提供準確的回應信息。財務助理涵蓋了不同的銀行服務，例如帳戶查詢、貸款申請和匯款，並將語音通話轉換爲文字記錄，從而減少處理文書的時間，避免人爲錯誤。

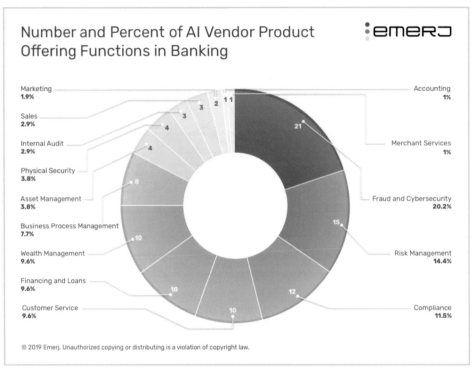

圖 4-7　銀行人工智慧產品

　　目前大多數銀行以信用記錄評估信用卡申請資格，但系統效率偏低，造成申請拖延和失誤，並需要經過專人作出最後決定。而人工智慧將信貸記錄、借貸金額和現有信用卡資料，對信用卡的申請作出正確評估。並根據客戶財務狀況，風險承擔，為銀行在轉瞬間作出借貸決定，不但減少借貸違約風險，提高運營效率和減低成本，更為客戶提供最佳的借貸方案。

圖 4-8　美國銀行提示機器人

　　美國銀行提供了聊天機器人 Erica，它不僅可以回答客戶的問題，還可以提醒客戶有關定期付款的時間，還可以通過預測，分析客戶因過度支出，而導致負債景況，成為客戶最佳的財務助理。

4-5　會計

　　人工智慧更負起目前企業中會計工作[50, 51, 52, 53]，處理採購過程，月度/季度結算，收入/支出的賬目，索賠審批。人工智慧不但確保服賬目的準確，同時降低整體成本。在處理財務交流、資訊和數據，比人類更快捷和更準確，所以人工智慧將會取替會計行業。而會計師應將轉移角色，專注於財務建議和諮詢。

圖 4-9　會計

4-6　實驗－神經處理器傳輸模式

耐能神經處理器支持三種傳送模式：串連(serial)、管線(pipeline)和並行(parallel)。以 kdp_yolo v3_mode.py 將示範三種模式的效果。

```
python .\kdp_yolov3_mode -t <option>
```

4.6.1 串連傳輸模式

串行傳輸與第 3 章中操作的範例 kdp_yolov3 相同，意指一張圖片推論完成獲得結果後才會送入下一張圖片來作運算。流程的部分，先初始化耐能神經網路處理器後，以 ISI 模式啟動，然後從鏡頭擷取影像，將影像分解後一幀一幀傳入耐能神經處理器推論。

```
1.                    # 啟用 ISI 模式.
2.     if kdp_wrapper.start_isi(dev_idx, app_id,
   image_source_w, image_source_h):
3.         exit()
4.
5.     img_id_tx   = 0
6.     start_time = time.time()
7.     while (img_id_tx != loop_count):
8.         kdp_wrapper.sync_inference(dev_idx, app_id,
   image_size, capture, img_id_tx, frames, handle_result)
9.         img_id_tx += 1
```

圖 4-10　串連傳輸源代碼

圖 4-11　耐能神經處理器串連傳輸 (歸還結果 = 後處理 + 資料搬移)

圖像以串行方法轉送至耐能神經處理，以耐能推論引擎進行物件檢測。當物件確認後，將檢測結果送回主機。在這個範例中，整個流程的幀速率約為 6～7 FPS。

```
python .\kdp_yolov3_mode.py -t serial
Initialize kdp host lib ....


Add kdp device ....
Start kdp host lib ....


Start kdp task: serial
starting ISI mode...


ISI mode succeeded (window = 3)...


image 0 -> 1 object(s)


image 1 -> 1 object(s)
```

```
image 2 -> 1 object(s)



image 3 -> 1 object(s)
```

4.6.2 管線傳輸模式

```
1.      # #啟用 ISI 模式.
2.      if kdp_wrapper.start_isi(dev_idx, app_id,
   image_source_w, image_source_h):
3.          exit()
4.
5.      start_time = time.time()
6.      # Fill up the image buffers.
7.      ret, img_id_tx, img_left, buffer_depth =
   kdp_wrapper.fill_buffer(dev_idx, capture, image_size,
   frames)
8.      if ret:
9.          exit()
10.
11.      kdp_wrapper.pipeline_inference(
12.          dev_idx, app_id, loop_count - buffer_depth,
   image_size,
13.          capture, img_id_tx, img_left, buffer_depth,
   frames, handle_result)
```

圖 4-12　管線傳輸源代碼

　　相較於串聯傳輸，管線傳輸模式在一張圖片從電腦傳入耐能神經網路加速器後，不等到推論結束，在開始作推論時下一張圖片就開始傳輸，如此一來可以在推論完成時即可馬上下一次的推論，不用等待圖片傳輸的時間。

圖 4-13　耐能神經處理器管線傳輸 (返回結果 = 後處理 + 資料搬移)

　　流程的部分，同樣以 ISI 模式啓動耐能神經處理器，但須使用 fill_buffer 函式事先填滿緩衝區。耐能神經處理器將會從緩衝區中獲取影像，並將影像傳送到耐能推論引擎，以通過管線推論進行物件識別。由於影像存儲在緩衝區中，降低了影像傳輸的等候時間。整體性能將顯著提高，幀速率提升到了約 10～11 FPS。

```
python .\kdp_yolov3_mode.py -t pipeline
Initialize kdp host lib ....


Add kdp device ....
Start kdp host lib ....


Start kdp task: pipeline
starting ISI mode...


ISI mode succeeded (window = 3)...


starting ISI inference ...


image 1234 -> 1 object(s)


image 1235 -> 1 object(s)


image 1236 -> 1 object(s)
```

4.6.3 並行傳輸模式

並行模式的使用，不僅在推論的同時傳輸影像，更在推論完成後開始搬移資料並計算神經網路結果的同時，開始下一次的推論。如此一來，影像傳輸、神經網路推論與計算結果可以三者同步並行，節省更多的時間。

```python
1.      ## 啟用 ISI 模式..
2.      if kdp_wrapper.start_isi_parallel(dev_idx, app_id,
   image_source_w, image_source_h):
3.          exit()
4.
5.      start_time = time.time()
6.      #設定配置影像的暫存區.
7.      ret, img_id_tx, img_left, buffer_depth =
   kdp_wrapper.fill_buffer(dev_idx, capture, image_size,
   frames)
8.      if ret:
9.          exit()
10.
11.     #發送其餘部分並獲取結果(循環執行直到結束)，或者交替顯示 2 張圖像
12.     print("Companion image buffer depth = ", buffer_depth)
13.     kdp_wrapper.pipeline_inference(
14.         dev_idx, app_id, loop_count - buffer_depth,
   image_size,
15.         capture, img_id_tx, img_left, buffer_depth,
   frames, handle_result)
```

圖 4-14　並行傳輸源代碼

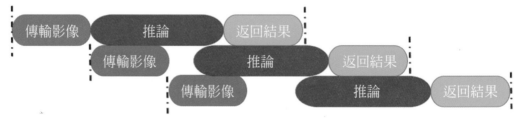

圖 4-15　耐能神經處理器並行傳輸 (返回結果 = 後處理 + 資料搬移)

　　對於並行傳輸，使用 start_isi_parallel 啓用耐能神經處理器並行傳輸，同樣要使用函式 fill_buffer 填滿暫存記憶體，並以函式 pipe_inference 將影像從緩衝區傳送到推論引擎以進行物件檢測，同時在進行後處理(post process)與資料搬移的時開始進行下一張影像的推論。使用此方法可讓整個檢測性能進一步提高，範例的幀速率約 12～13 FPS。

```
python .\kdp_yolov3_mode.py -t parallel
Initialize kdp host lib ....


Add kdp device ....
Start kdp host lib ....


Start kdp task: parallel
starting ISI mode...


ISI mode succeeded (window = 3)...


starting ISI inference ...


Companion image buffer depth =  3
image 1234 -> 0 object(s)


image 1235 -> 0 object(s)


image 1236 -> 1 object(s)


image 1237 -> 0 object(s)


image 1238 -> 0 object(s)
```

　　由於耐能神經處理器將硬體/軟體完全整合，顯著提高了並行模式下的 tiny yolo v3 對象檢測性能，表 4.1 中匯總了性能比較。實際 FPS 將因偵測的影像與操作環境而有些微出入。

表 4-1　tiny yolo v3 性能比較

傳輸模式	運行時間(秒)	幀率(FPS)
串連	0.1486	6.73
管線	0.0951	10.52
並行	0.0799	12.52

習題

1. 人工智慧如何應用於詐騙檢測？

2. 怎樣才能進一步提高財務預測準確程度？

3. 能完全信任人工智慧進行股票交易嗎？

4. 銀行系統如何從人工智慧中受益？

5. 是否會計師在不久的將來會失去工作？

CHAPTER 5

零售

　　每年感恩節、黑色星期五和聖誕節期間，美國人都會擠滿商店，為朋友和家人買禮物。數以百萬計的美國人排隊等候，希望搶購最新款的電視。因為對商品有很大的需求，所以購物對許多美國人是麻煩的經歷，產品供應有限，與其他顧客競爭，及不同的價格，使購物成為艱鉅的任務。人工智慧出現，充當私人助理，改變購物遊戲規則，通過分析顧客現今財務狀況，購買對個人預算的影響，並收集有利的消費數據，簡化購物流程。藉人工智慧通知客戶所需商品的評價、可用庫存、商店位置和產品保固。使商店和客戶都達至最大的利益，重塑零售業。隨著顧客對商品的需求增加，商店越來越需要為客戶提供有效和準確的零售服務。

目前，有 40%商店已經使用人工智慧。但在全球對商品需求大幅增加下，更多商店將選擇採用人工智慧技術[54]，到 2022 年，全球在人工智慧方面的支出將達到 73 億美元。

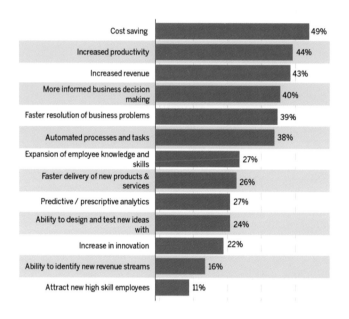

Cost saving	49%
Increased productivity	44%
Increased revenue	43%
More informed business decision making	40%
Faster resolution of business problems	39%
Automated processes and tasks	38%
Expansion of employee knowledge and skills	27%
Faster delivery of new products & services	26%
Predictive / prescriptive analytics	27%
Ability to design and test new ideas with	24%
Increase in innovation	22%
Ability to identify new revenue streams	16%
Attract new high skill employees	11%

圖 5-1　全球零售業的人工智慧優勢

5-1 電子商務

圖 5-2　電子商務

　　零售商以廣告，藉電子商業平台，吸引客戶消費。而人工智慧在電子商務中[55, 56, 57]，簡化購物過程，鼓勵顧客購物，便商店獲得最大利潤。通過人工智慧掃描顧客會籍，便能夠識別客戶的購物記錄和心儀商品。收集消費數據，進行分析，為客戶提供折扣和優惠，藉個人化商品，吸引客戶購買的非需要的商品，替公司增加收入。

　　Boomtrain 是以人工智慧為核心的可擴展營銷電子商務平台。通過不同方法(手機應用程序，電子郵件和銷售網站)分析客戶信息數據，考慮客戶的在線互動，提出適當的產品建議。總體而言，人工智慧為客戶服務，提供個人人商品建議，促進零售商的商業交易。顧客購買一件衣服，她將獲得人工智慧推薦相關配飾，鼓勵顧客購物，從而增加銷售額並收入。

圖 5-3　電子商務產品推薦

　　人工智慧成為商品推銷助理，通過信息，給予客戶的支持。提醒客戶產品交付資訊，並邀請客戶對產品進行評分。對顧客的退貨，則簡化程序，並了解退貨原因，以提高產品質量。還回答顧客問題，便顧客獲得更好的售後服務，建立與顧客關係，從而促進銷售。

　　人工智慧還通過轉換率優化(Conversion Rate Optimization - CRO)來提高在線購物效率，通過網站設計修改、產品圖片、價格顯示、內容安排，將在線訪客轉換爲客戶。成功吸引客戶在網上購買物品。

5-2　商店管理

　　人工智慧在零售業中嶄新的應用便是 Amazon Go 無人商店模式[58, 59, 60]。亞馬遜的目標是提供無需查証，無需排隊的購物經驗。結合人工智慧、相機影片和傳感器數據，通過人面檢測、物件識別、姿勢估計和活動分析來提供 "Just Walk Out"購物經驗，亞馬遜可以確定客戶所購買貨物，從賬戶收取金錢。這項技術能夠跟踪商店中的個別顧客，識別出他們取存的物品，並區分不同貨品。創新思維改變未來零售業經營模式，而人工智慧卻是主要原動力。

圖 5-4　商店管理

軟銀(Softbank)零售機器人 Pepper Robot [61]，不但能解答客戶的諮詢，並指導顧客在商店內查找商品。並可以執行即時庫存清點，並提供缺貨的產品信息，提高商店的銷售和盈利。位於加利福尼亞州 b88ta 商店的 Pepper Robot，替商店增加了 70%來訪顧客人次和提高 50%的銷售額。

圖 5-5　軟銀機器人

5-3　倉庫管理

　　保持充裕的庫存，又不浪費公司的現金支出，是零售業最大挑戰之一。當零售商收到訂單時，在倉庫中提取貨物，包裝並交付給顧客。但倉庫管理是一項勞動密集型的工作，需要大量的勞動力來進行產品交付。儘管人工智慧無法完全替代的倉庫管理，但可以協同合作，在人手監管之下，完成交付。

圖 5-6　倉庫管理

　　亞馬遜以機器人在倉庫設置 45,000 多台智慧機器人[62, 63]，進行貨物運輸和庫存盤點的工作，機器人能每小時處理 300 多件不同貨品，而人手只能每小時只能處理 100 件貨品，它還可以全天不停工作，從而提高了倉庫效率。機器人可以每年替自動化倉庫節省超過 2200 萬美元，約佔 20%的運營成本。

圖 5-7　亞馬遜無人機送貨服務

目前，亞馬遜更通過自駕運輸裝置 Scout 和無人機送貨服務 Amazon Prime Air 進一步將倉庫與運輸團隊聯繫起來。亞馬遜無人機送貨服務可以在 30 分鐘內，將重達 5 磅的包裹運送到農村偏遠地區。亞馬遜大量投資於智慧運輸工具，不但提高效率，減少錯誤，並促進貨物銷售。這些設備減少僱用送貨工人，能提供更快捷，更便宜的商品交付。

5-4　庫存管理

除了倉庫管理，庫存控制也是零售業務成功關鍵。人工智慧[64, 65]不但增加效率，降低錯誤，並在庫存管理方面進行了兩項重大改革。首先，人工智慧可以結合不同數據，天氣預測，並利用概率模型進行需求預測。這些時間序列(Time Series)模型可以預測特定時間段內商店庫存的需求情況。在適當正確時間補充庫存，從而提高利潤。除了需求預測之外，人工智慧第二個應用是審核庫存，確保商店的供應滿足顧客需求，但仍存在系統錯誤的風險。因此，必須用經過訓練的強化學習來監管供應，作出正確決定。

圖 5-8　庫存管理

5-5　供應鏈

　　相較傳統的供應鏈，人工智慧[66]具有需求預測的庫存控制優勢。它分析大量數據(庫存、銷售、供應)，並且考慮了不同因素和條件限制，以改善供應管理。除了識別庫存短缺，聯絡產品供應，並考慮不同供應來源，以應付購物季節(回到學校，感恩節和聖誕節)的需求激增。

圖 5-9　供應鏈

　　除了對庫存進行了正確的管理，產品也必須有效地從不同的地方運送至最終買家。所以人工智慧在供應鏈管理中，能加速貨物包裝過程，並提高整體率。目前專業人員花費大量時間利用電子表格和工具來處理運送工作。而人工智慧的自動識別功能將代替人手操作，節省人力，解決目前的困難。由於準確預測，能夠使整個運輸過程自動化，並提出改善供應鏈績效建議。能夠計劃測試不同運輸路線，並為零售商提供最佳選擇，減少運送錯誤。目前，UPS 使用人工智慧驅動的全球定位系統，為其車隊創建最有效的運輸路線，而 Lineage Logistics 使用人工智慧來計劃和預測食物運輸，食物何時到達和離開食物加工設施，以保持食物新鮮。

5-6 實驗－模型轉換：MobileNet V2 影像分類器

耐能神經加速器可以運行多種不同的神經網路模型，但在運行之前須將模型轉換成可支援格式。現在，讓我們使用耐能工具鏈(Kneron Toolchain)將公開模型轉換成二進位檔案以供耐能神經加速器使用。

在此範例中，我們將從 Keras 中選擇模型 MobileNet V2，這是一個進行圖像分類的模型，擁有 ImageNet 的 1000 個分類。在 Keras 版本 v2.2.4 環境上可以執行下方 Python 代碼來獲得 MobileNetV2 模型。若想使用此方法，您需要在環境中設置 Keras v2.2.4 和 Tensorflow。推薦安裝 Anaconda 來做 Python 環境與版本的控管。

```
pip install keras==2.2.4
pip install tensorflow
```

```
from tensorflow.keras.applications.mobilenet_v2 import
MobileNetV2

model = MobileNetV2(include_top=True, weights='imagenet')

model.save('MobileNetV2.h5')
```

除此之外，您也可以在 Kneron_Computer_lab 專案中找到 MobileNetV2.h5，路徑如下：

/Kneron_Computer_Lab/python/common/mobilenet/MobileNetV2.h5

5.6.1 工具鏈與虛擬環境 Docker

耐能以 docker 環境的形式提供了工具鏈，其用途包含編譯、模擬 NPU 性能等功能。因此，用戶必須先設置 docker 環境才能使用此工具鏈。

WINDOWS 環境下安裝：

Docker Desktop (Win 10 professional)

Docker QuickStart Terminals (Win 10 Home)

更多的安裝細節請參考 http://doc.kneron.com/pythondocs/#manual_520/

安裝完成後，開啓 docker 終端機，成功初始化後可以看到下面畫面。

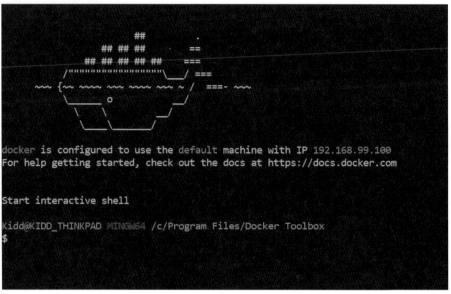

下載並安裝執行 Docker，第一次需要一段時間。Docker 文件約爲 6GB，並確保您的計算機有足夠的空間來容納它。

```
docker pull kneron/toolchain:520
```

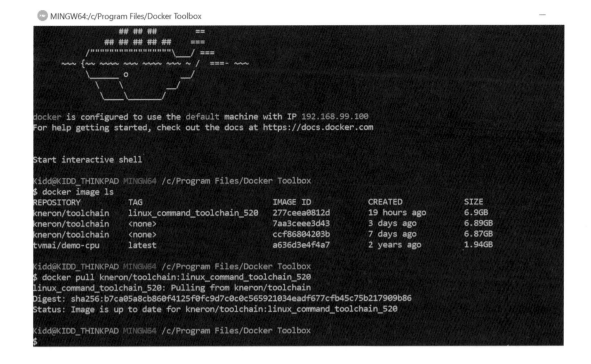

針對 Linux:的安裝：

1. 可以線上查看安裝指引 here.。

2. 打開終端機。

3. 透過下列指令更新 toolchain docker。

```
sudo docker pull kneron/toolchain:520
```

```
(base) zz@zz-System-Product-Name:~$ sudo docker image ls
REPOSITORY        TAG      IMAGE ID       CREATED        SIZE
kneron/toolchain  520      011d6d7c54b4   13 days ago    6.59GB
hello-world       latest   bf756fb1ae65   11 months ago  13.3kB
```

　　提取所需的工具鏈之後，現在我們可以開始逐步完成該過程。在以下所有部分中，我們使用 kneron / toolchain：520 作為 docker 映像。在實際啟動 docker 之前，最好提供一個文件夾，其中包含您要在 docker 中測試的模型文件，例如/ mnt / docker。然後，我們可以使用以下命令啟動 docker 並在 docker 環境中工作：

```
docker run --rm -it -v /mnt/docker:/docker_mount
kneron/toolchain:520
```

```
(base) zz@zz-System-Product-Name:~$ sudo docker run --rm -it -v /mnt/docker:/doc
ker_mount kneron/toolchain:520
(base) root@2f48aebaa1b4:/workspace# ls
E2E_Simulator  cmake  examples  libs  miniconda  scripts  version.txt
(base) root@2f48aebaa1b4:/workspace#
```

5.6.2 模型轉換

　　要將浮點模型編譯為定點模型，用戶還需要提供一些訓練圖像(建議 100 張圖像)以進行定點分析。在此示例中，我們將模型和圖像文件夾複製到/ data1 下的工具鏈中。

```
docker cp MobileNetV2.h5 docker_imageID:/data1/
```

```
(base) root@e6b67fe3d1c3:/data1# ls
100_data  MobileNetV2.h5
```

然後，我們可以在工具鏈中運行以下命令，將 keras 模型轉換為 onnx 模型。該命令是：

```
python workspace/libs/ONNX_Convertor/keras-onnx/generate_onnx.py
-o MobileNetV2.h5.onnx  -O --duplicate-shared-weights
MobileNetV2.h5
```

```
(base) root@e6b67fe3d1c3:/data1# python /workspace/libs/ONNX_Convertor/keras-on
nx/generate_onnx.py -o MobileNetV2.h5.onnx  -O --duplicate-shared-weights Mobil
eNetV2.h5
Using TensorFlow backend.
```

然後我們可以找到在/ data1 下生成的 MobileNetV2 ONNX 模型。

```
(base) root@e6b67fe3d1c3:/data1# ls
100_data   MobileNetV2.h5   MobileNetV2.h5.onnx
```

5.6.3 編輯模型(移動 softmax 到網路的後期處理中)

當我們用 Netron(好用的模型視覺化工具)檢查 MobileNetV2.onnx 模型時，我們可以看到網路的最終輸出層是 softmax 層，KL520 NPU 無法處理。在分類網路的末尾看到 softmax 層是很常見的，但不是計算擴展層，我們可以將此 softmax 層移到網路的後期處理中。

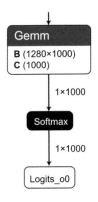

工具鏈提供了 Python 腳本(onnx2onnx.py)以優化 onnx 模型,並提供了腳本(editor.py)可從特定層開始切割層。要移除 softmax 層,我們可以簡單地運行 onnx2onnx.py,如下所示:

```
Python
/workspace/libs/ONNX_Convertor/optimizer_scripts/onnx2onnx.py
MobileNetV2.h5.onnx -o MobileNetV2_opt.h5.onnx
--split-convtranspose --add-bn-on-skip -t
```

運行 onnx2onnx.py 腳本後,優化的模型 MobileNetV2_opt.h5.onnx 儲存在/ data1 中。經過優化的 ONNX 模型的最後一層變成 GEMM 層。

```
(base) root@e6b67fe3d1c3:/data1# python /workspace/libs/ONNX_Convertor/optimize
r_scripts/onnx2onnx.py MobileNetV2.h5.onnx -o MobileNetV2_opt.h5.onnx --split-c
onvtranspose --add-bn-on-skip -t
(base) root@e6b67fe3d1c3:/data1# ls
100_data  MobileNetV2.h5  MobileNetV2.h5.onnx  MobileNetV2_opt.h5.onnx
```

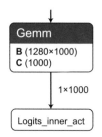

習題

1. 電子商務在這幾年有什麼重大變化？

2. 人工智慧如何改變商店管理？

3. 零售機器人可否代替店員的工作？

4. 亞馬遜如何改變倉庫管理？

5. 智慧倉庫管理對未來物流將產生什麼變化？

6. 人工智慧在庫存管理中的作用是什麼？

7. 如何改善供應鏈管理？

CHAPTER **6**

製造業

　　面對生產能力下降，客戶需求增加及嚴格監管政策，製造業需要有著徹底重大改變，以應付嚴峻挑戰。目前，很多公司都缺乏適當方法，分析工業生產所帶來大量數據，提高效率，降低成本。而第二項製造業主要面對挑戰是生產瑕疵和質量控制，影響產品質素。近年來，製造業對新技術和服務持開放態度，引入的人工智慧將改變目前困境，提高產品質量，增加生產。

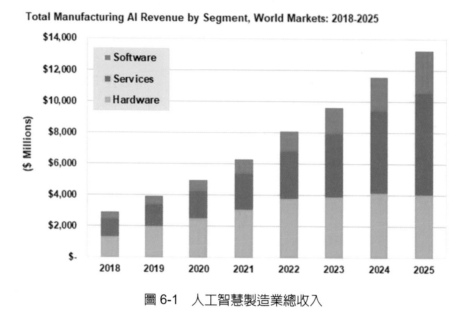

圖 6-1　人工智慧製造業總收入

　　人工智慧的硬體，軟體和服務[67, 68, 69]估計從 2018 年 29 億美元跳升至 2025 年 132 億美元，不僅降低生產成本，提高生產效率，更贏得產品市場時間優勢。此外，人工智慧市場預計將從 2018 年的 10 億美元增長到 2025 年的 17.2 億美元，期間的複合年增長率(Compound Annual Growth Rate － CAGR)為 49.5%。顯示人工智慧在製造業有著巨大潛力。

圖 6-2　人工智慧製造業機會

6-1　缺陷檢測

　　製造業目前主要依賴人手確認產品的缺陷瑕疵，但過程中經常出現誤報，引致生產效率降低，更嚴重影響公司收入。人工智慧以影像檢測產品缺陷[69, 70, 71]，不但提高產品檢測精準程度，自動化運作更能發現生產過程中細微瑕疵，改善產品質量，直接提高生產效率。由於產品瑕疵下降，產品質量便有著重大保証。

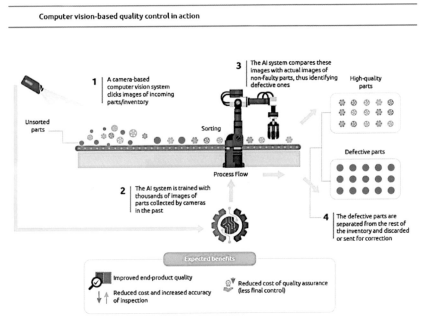

圖 6-3　缺陷檢測

　　奧迪(Audi)採用深層學習用作影像檢查，首先通過數以千計的圖像訓練神經網路模型，用於識別產品缺陷，並使用機器臂進行篩選，除去瑕疵產品。全自動化流程將提升生產效能。

6-2 質量保證

　　目前，製造業主要依賴人手監管製造過程，而人工智慧[69, 72, 73]則以圖像析別方法確保產品生產和裝嵌正確，監察生產過程中微小瑕疵缺陷。人工智慧不但優化生產線，並可監督複雜的工廠生產過程。並警示任何事故，作出迅速相應反應。

Smart factory - Nokia is using private LTE and MEC to enable AR training at factories in Finland and India.

圖 6-4　質量保證

　　諾基亞(Nokia)推出了人工智慧影像應用程序，當生產過程中出現異常的情況，立即提醒組裝操作人員。操作人員可以即時糾正問題，改善產品質量，不僅降低成本，而且提高生產效率。

6-3 生產整合

　　人工智慧通過數據共享，將生產線整合一起[70, 74]。當機器發生故障時，它可以協調操作，提醒技術人員對機器進行維修，並啓動緊急應變計劃，將工作切換到其他機器上繼續操作，從而避免由於機器故障而導致生產線停頓。此外，監控整體生產過程，生產速度和原料消耗狀況，提供原料需求預測，以進行庫存控制。通用電氣(General Electric)已經推出 Brilliant Manufacturing Suite 系統監控生產過程，該系統能識別不同問題，並警示低效率生產，結果提高了整體生產效率達 18%。

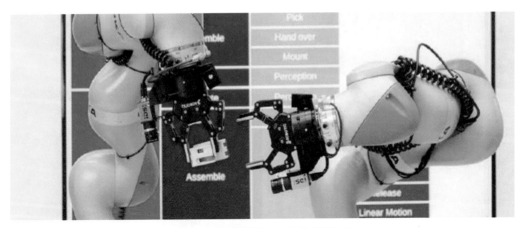

圖 6-5　協同機器人(合作機器人)

　　人工智慧也可以通過協同機器人(Collaborative Robot - Cobot)，將繁瑣重複的工作自動化[75, 76]，從而優化的生產線。協同機器人從移動的示範操作過程中學習，重複示範動作，而不需要經過程式編程控制操作。減少冗長設置時間，並能應用於不同的操作崗位。領先的日本工業機器人公司 Fanuc [73, 74]，通過強化學習。重複執行相同的任務，提升準確程度。並與英偉達(Nvidia)合作，以多個機器人加快學習速度，將一個機器人的八小時學習替轉為八個機器人的一小時學習。快速學習減少機器停頓時間，使工廠同時處理多樣產品生產。

6-4　生成設計

　　生成設計[69, 72]應用人工智慧來探索不同生產方案，滿足產品規格的要求。使用人工智慧篩選設計，將生產材料、成本預算、功能要求、製造方法和其他參數輸入機器學習模型中以優化設計。結果，公司可以超越傳統人手設計，獲得的不同設計選擇。使公司受益、減少製造風險和增加成功機會，提高公司收入。

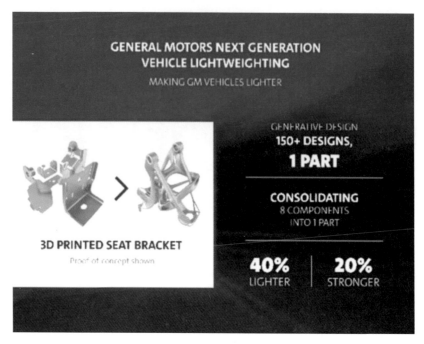

圖 6-6　生成設計

　　通用汽車(General Motors)與歐特克(Autodesk)合作，將生成方用於安全帶支架設計，通過機器學習探索 150 多種不同的設計，最後將八組零件的設計轉化為單一整體式支架，重量減輕了 40%，強度提高 20%，不僅降低了生產成本，並且縮短生產時間。

6-5　維修預測

　　人工智慧減少製造錯誤的另一種機制是通過維修預測[69, 72]。由於人工智慧有著自行運作和測試能力，因此它能夠快速預測機器故障，並提供適當解決方案。該技術可以即時進行測試，提高生產過程的準確性及減少製造過程的風險。

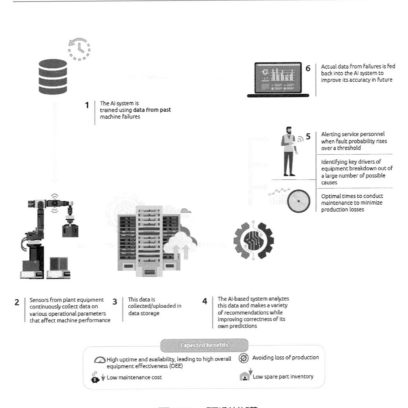

Using AI for intelligent maintenance in manufacturing

1　The AI system is trained using data from past machine failures

2　Sensors from plant equipment continuously collect data on various operational parameters that affect machine performance

3　This data is collected/uploaded in data storage

4　The AI-based system analyzes this data and makes a variety of recommendations while improving correctness of its own predictions

5　Alerting service personnel when fault probability rises over a threshold

Identifying key drivers of equipment breakdown out of a large number of possible causes

Optimal times to conduct maintenance to minimize production losses

6　Actual data from failures is fed back into the AI system to improve its accuracy in future

Expected benefits

High uptime and availability, leading to high overall equipment effectiveness (OEE)

Low maintenance cost

Avoiding loss of production

Low spare part inventory

圖 6-7　預測維護

　　通用汽車(General Motor)將相機安裝在組裝機器人上，分析圖像以預測機器人故障。在試運行期間，它在 7000 個機器人中檢測到 72 個組件故障實例。在生產中斷之前，確定了潛在的故障。避免生產停止運作，顯著提高整體效率。

6-6　環境保護

　　人工智慧能改變目前生產製造，並減輕生產過程對環境影響。目前，電子及塑膠產品對環境嚴重污染，消耗大量能源，稀有金屬以及塑膠原料。而人工智慧將有助於開發環保材料，優化能源使用。有助綠色技術的開發，減少對環境及傳統資源的依賴。此外，由於機器人應用提高生產效率，減少能源消耗，改善生態環境。

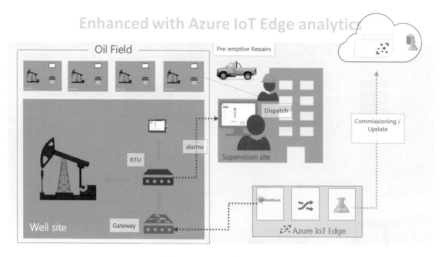

圖 6-8　可持續發展

　　Schneider Electric [69]基於微軟 Azure 機器學習方案，選擇優化機器學習模型和調整模型參數來預測機器故障，它提高工人的安全保護，降低維修成本。此外，避免因生產停頓，引致機器重新啓動，而帶來原料浪費，實現環境可持續性目標。

6-7　實驗－模型編譯：影像分類模型 MobileNet V2

6.7.1　模型編譯流程

　　模型編譯過程需要兩個配置文件，batch_input_params.json 和 input_params.json。

　　在編譯 MobileNetV2 之前，需將兩份文件移至/data1/ 資料夾中，在/workspace/examples/中可以找到兩份文件的範本。

　　完成文件參數的填寫後，即可執行編譯模型並獲得耐能神經網路加速器專用的二進位模型檔。

6.7.2 配置文件參數

下面的說明將以模型 MobileNetV2 作爲範例來做相關設定。

input_params.json 的部分：

1. "input_onnx_file" 爲 " /data1/MobileNetV2_opt.h5.onnx"，請將上一章節編輯的 *.onnx 模型放置此路徑。

2. model_input_name：輸入模型最前頭節點的名稱，可以將模型以 Netron 開啓查看 https://netron.app/ 。

3. input_image_folder：可指定爲 " / data1 / images /"，並在當中放入與模型訓練時相關的圖片。此資料夾中的圖片將用於定點(INT)分析。每次的分析若是提供的照片不同，即便是相同的模型，分析的定點(INT)權重也將有所不同，因此，最後轉成定點(INT)模型後的推結果可能也會有所不同。若輸入越多模型相關的圖片，轉成定點(INT)架構後的模型將更接近原始浮點架構的效能，數量的部分建議 100 張以上。

4. img_preprocess_method：一般的 MobileNetV2 在訓練時圖片會使用 "Tensorflow"，因此，此欄位需填入 tensorflow，代表未來做推論時傳入的圖片資料 X，會透過公式 $X \div 127.5 - 1$ 做轉換。我們可以從耐能官網 http://doc.kneron.com/docs/#python_app/app_flow_manual/#example 最下方將會有更多說明。

5. simulator_img_files：其中的 "model_input_name" 與上面第一點的參數相同。

6. input_image：從第 3 點的資料夾中指定一張特定圖像的路徑。

```json
{
    "model_info": {
        "input_onnx_file": "/data1/MobileNetV2_opt.h5.onnx",
        "model_inputs": [
            {
                "model_input_name": "input_1_o0",
                "input_image_folder": "/data1/100_data"
            }
        ]
    },
    "preprocess": {
        "img_preprocess_method": "tensorflow",
        "img_channel": "RGB",
        "radix": 8,
        "keep_aspect_ratio": true,
        "pad_mode": 0,
        "p_crop": {
            "crop_x": 0,
            "crop_y": 0,
            "crop_w": 0,
            "crop_h": 0
        }
    },
    "simulator_img_files": [
        {
            "model_input_name": "input_1_o0",
            "input_image": "/data1/100_data/000000438876.jpg"
        }
    ]
}
```

batch_input_params.json 的部分：

1. 對於 MobileNetV2，將 model_id 修改為 1000。設置正確的模型 ID 非常重要，因為 AI 網路加速器中的韌體將會針對設定的 ID 去做推論。本範例中的已預先以 1000 作為模型 ID。

2. version：版本紀錄，方便開發者紀錄模型的開發版本。

3. path：同剛剛在 input_params.json 中參數 input_onnx_file 的 ONNX 模型路徑。

4. input_params：請指定剛剛所設定 input_params.json 的路徑。

```
{
    "encryption": {
        "whether_encryption": false,
        "encryption mode": 1,
        "encryption_key": "0x12345678",
        "key_file": "",
        "encryption_efuse_key": "0x12345678"
    },
    "models": [
        {
            "id": 1000,
            "version": "1",
            "path": "/data1/MobileNetV2_opt.h5.onnx",
            "input_params": "/data1/input_params.json"
        }
    ]
}
```

相關參數請參照這裡。

6.7.3 編譯模型

執行命令以批量編譯 MobileNetV2 模型。

```
python /workspace/scripts/fpAnalyserBatchCompile_520.py -t 8 (number
of threads)
```

```
(base) root@e6b67fe3d1c3:/data1# python /workspace/scripts/fpAnalyserBatchComp
ile_520.py -t 8
input = /workspace/.tmp/updater.json
```

編譯完成後，將產生資料夾 batch_compile，並可在當中找到轉成二進制的模型檔案 all_model.bin 跟 fw_info.bin。

/data1/batch_compile.

```
(base) root@e6b67fe3d1c3:/data1/batch_compile# ls
MobileNetV2_opt.h5.quan.bie    MobileNetV2_opt_weight.bin    compile.log
MobileNetV2_opt_command.bin    all_models.bin                fw_info.bin
MobileNetV2_opt_config.json    batch_compile.log             fw_info.txt
MobileNetV2_opt_ioinfo.csv     batch_compile_bconfig.json    models_520.nef
MobileNetV2_opt_setup.bin      batch_compile_config.json     ota_520.bin
```

1. 產生的 mobileNetV2_opt_weight.bin 可用於整數(INT)運算模型，放在神經網路加速器。

2. all_models.bin 和 fw_info.bin 的兩個檔案為本章節範例主要的產出，也就是轉成二進位格式的模型檔案，將可於耐能神經網路加速器上運行。

由於下章節的範例將使用 all_models.bin 和 fw_info.bin 的兩個檔案來做模型推論，因此可先透過下列指令將 all_model.bin 和 fw_info.bin 複製到 /Kneron_Computer_Lab/python/common/mobilenet/中。

```
docker cp docker_imageID:/data1/batch_compile/all_model.bin
[your_path]/Kneron_Computer_Lab/python/common/mobilenet

docker cp docker_imageID:/data1/batch_compile/fw_info.bin
[your_path]/Kneron_Computer_Lab/python/common/mobilenet
```

習題

1. 缺陷檢測如何提高產量？

2. 比較人與機器進行質量控制的優劣？

3. 如何進一步優化生產線運作？

4. 生成設計有什麼好處是什麼？

5. 維修分析如何提高製造生產放率？

6. 如何改善生產製造減少對環境的影響？

CHAPTER 7

農業

　　在發達和發展中國家，農業生產不但支持農民生活，並僱用了數百萬工人。在一些國家，農業生產是國家經濟主要收入，佔該國國內生產總值的很大比例。但是，隨著需求的增加和氣候變化的影響，傳統的耕種方法不能支持長遠糧食需求。在 2050 年，世界人口將達到 97 億，但只有 4%額外土地可用於耕種。糧食生產的供應無法滿足需求。此外氣候變化、溫度上升、乾旱和洪水影響，使耕種變得困難，並加速土壤侵蝕及水源耗盡。採用人工智慧技術[77, 78]，引發新一輪的農業改革，除了增加莊稼收成，改善人民的生活，並能振興全球經濟發展。

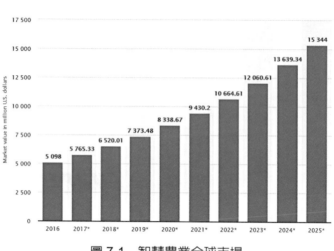

Market value of smart agriculture worldwide

圖 7-1　智慧農業全球市場

7-1 農作物和土壤監測

　　森林砍伐和土壤缺乏對糧食生產構成重大威脅，人工智慧[79, 80]借助圖像識別方法，可以分辨土壤成分，從而了解土壤缺陷、植物疾病和蟲害。小型農場可以採用手機圖像識別應用程序，將樹葉圖案與植物疾病和蟲害互相聯繫。這些應用程序可以獲取損壞樹葉，土壤顏色和植物形狀的視像信息，以幫助農民改善作物管理。小型農場採用低成本技術，減低錯誤率，並顯著提高糧食產量。

圖 7-2　農作物和土壤監測

　　對於大型農場，大型無人機的使用有利於分析作物狀況。SkySquirrel Technologies 利用無人機影像提供作物生產狀況，並與全球定位系統(GPS)和傳感器結合，提供普通相機無法獲得的信息。多光譜相機使農民可以檢測明顯範圍內看不到的東西。提供對土壤水分含量的深入分析，改變作物生產模式。無人機的影像主要優點是在鳥瞰圖中，概覽大片土地，有效並廣泛收集數據。農民不必擔心地理位置或天氣狀況，因為無人機上的圖像技術可以保證提供高質量和精確的圖像。操作也十分簡單，並不需要大量人手。結果，農場可以通過投資人工智慧無人機技術節省數百萬美元，因為它們能夠不斷地識別潛在的土壤缺陷，使作物產量提高。利用無人飛機的一個主要缺點是高成本。許多農民對工智慧技術表示懷疑，能否準確預測天氣和土壤變化。由於其潛在的高投資回報率，未來幾年，農業無人機市場將顯著增長。

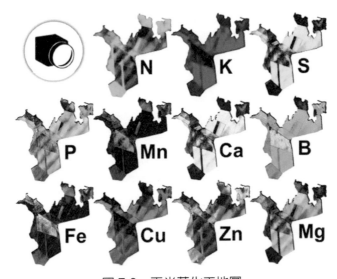

圖 7-3　玉米葉化工地圖

　　除了視覺方法之外，人工智慧還提供了土壤仔細分析。為農民提供了詳細的土壤資料，包括用細菌和真菌進行病原體篩查以及微生物評估。Gamaya 應用人工智慧在高光譜相機和作物科學技術來分析土壤成分。它根據光譜圖像生成玉米葉的化學圖譜，向農民展示如何改善土壤條件，以提高玉米生產率和利潤率。

7-2 農業機器人

　　農業機器人[81, 82, 83]可以進行作物自動收割，省卻體力勞動。農業機器人可以通過採摘水果和農作物，來維持高效率生產。因為農業機器人以比人工能更快採摘水果，日夜工作，節省時間。另一方面，無人駕駛技術促進自駕拖拉機的發展，這些拖拉機可以加快耕種運作，減少人力需求。使用預設的路線和障礙物檢測，將拖拉車安排在指定地域工作，同時避免與其他物件發生碰撞。單一農民可以同時控制所有自動駕駛拖拉機的操作；因此，減少勞動力需求，而使工人可以承擔農場的其他任務。

圖 7-4　農業機器人

圖 7-5　溫室養殖機器人

　　Harvest Automation 開發了 HV-100 機器人，主要處理在溫室中重複而繁瑣作物種植，它能在原始高溫環境下工作，種植觀賞植物，特色水果和蔬菜，因而省卻不少勞力需求。

7-3 　害蟲防治

　　根據 Weed Service of America，增加除草劑的使用，成為雜草抗藥的主要問題，這對美國農民造成了 430 億美元的經濟損失。人工智慧的發展[84]，顯著提升了農民保護作物能力。採用視像演算方法，可以精準噴灑除草劑，減少噴灑到農作物除草劑數量。藍河技術公司(Blue River Technology)已經開始利用機器人噴灑雜草，防止雜草抗藥性。控制雜草是農民首要工作，因為不受控制的雜草可能給全球農民造成數以百萬的損失。

圖 7-6　害蟲防治

Accenture 開發了人工智慧工具 PestID，使害蟲控制技術人員可以識別不同害蟲。以人工智慧從資料庫搜集害蟲資料，確認害蟲種類，進而提供意見計劃，包括適當的化學和除蟲方法，消滅害蟲，節省時間金錢。

7-4 精耕細作

"正確的地點，正確的時間，正確的產品"概括精耕細作，它主要目的是提高農產品盈利和耕地可持續性。以人工智慧取代繁鎖複雜耕作過程[85, 86]，農民可以收集不同預測數據，包括天氣預測、用水使用、土壤條件。通過不同物聯網(IoT)的裝置，濕度傳感器、風傳感器和土壤溫度計，詳細了解種植環境，爲時令作物提供最好生長環境。並對不同種植環境條件作出評估，提供作物組合和資源建議，幫助農民選擇最佳的作物種植，達至最佳種植效果。

圖 7-7　精耕細作

人工智慧還可以與人造衛星相連，預測天氣轉變，了解天氣狀況，並提高作物生產。每天爲用戶提供大量農業數據，包括溫度、風速、降水和太陽輻射。它檢測雲層中氣流流動，並識別導致暴風雨或降雨的雲層形狀。人工智慧預測模型的主要優點是提前進行天氣預測，使農民能夠儘早對作物適當栽種。

The International Corp Research Institute for Semi-Arid Tropics (ICRISAT)與微軟合作提高了產量，它收集了 30 年的氣候記錄和目前天氣數據，以確定最佳的播種時間、理想的播種深度、土壤施肥和灌溉控制。顯著提高作物生產，以滿足需求。

7-5 實驗－動態模型引擎(Dynamic Model Engine, DME)

在工具鏈中準備好模型二進制文件後，我們準備將其加載到耐能設備中進行偵測目標推論。稍早的 Tiny Yolo 範例以預先燒錄在設備中的模型來做推論，在本節中，我們將介紹一種模型推論的新方法，稱為動態模型引擎(Dynamic Model Engine, DME)模式。

7.5.1 動態模型引擎模式介紹

在 DME 模式下，圖像與模型二進制文件會透過 USB 從電腦端動態傳送到耐能神經網路加速器，檢測結果會再透過 USB 從耐能神經網路加速器返回電腦端。

DME 模式提供了 5 個應用程式介面(application program interface, API)，可供上層應用程式呼叫。

應用程式介面(API)	描述	注意
kdp_start_dme	將模型二進位檔案(all_models.bin / fw_info.bin)傳送至耐能神經網路加速器	執行一次
kdp_dme_configure	傳送 DME 模式設定	執行一次
kdp_dme_inference	傳送圖片資訊並開始推論	可持續執行不斷輸入不同的圖片做推論
kdp_dme_get_status	向耐能神經網路加速器確認先前輸入的圖片是否已完成推論	執行推論命令後，持續呼叫直到收到推論完成的通知
kdp_dme_retrieve_res	將推理結果回傳給主機	從 kdp_dme_get_status 拿到完成通知後，得到執行結果

為了方便演示，我們將在 kdp_wrapper.py 中使用兩個函數來完成任務。

應用程式介面(API)	描述	注意
kdp_dme_load_model	將 all_models.bin / fw_info.bin 的模型檔案傳送到耐能神經網路加速器並進行載入	執行一次
kdp_inference	將圖像文件傳送到設備並回傳結果	執行一次

7.5.2 動態模型引擎模式(DME)

避免誤導，我們提供一個現成的範例：

/Kneron_Computer_Lab/python/python_wrapper/dme_keras.py，您可以在 Power Shell 中以下列指令來執行：

```
python .\kdp_yolov3.py -t dme_keras
```

該指令將執行 dme_keras.py。若是想要針對 "dme_keras.py" 進行修改，需要：

(1)用戶需要提供預編譯模型二進制文件的路徑，

(2)調用 kdp_wrapper.kdp_dme_load_model 進行加載。

在此範例，我們會需要把前一個章節中編譯產生出模型檔案，放置於此路徑 /Kneron_Computer_Lab/python/common/mobilenet/

我們將以此模型做推論，若沒有可執行的範例，資料夾中也存放著預設的範例模型可以使用。

```
# 載入模型到耐能神經網路加速器
model_path = "./common/mobilenet/"
kdp_wrapper.kdp_dme_load_model(dev_idx, model_path)
```

此函數會將模型傳送到耐能神經網路加速器中，並設定模型 MobilenetV2 所需的前處理參數。如果想知道更多有關於 DME 模式的設定，可以參考下列執行範例：

```
/Kneron_Computer_Lab/python/python_wrapper /kdp_wrapper.py
```

7.5.3 前處理程序(pre-process)

預設執行的前處理具有下列功能：

1. 格式轉換(Reformat)：將原始格式(例如 RGB565 或 YUV422)轉成 RGBA8888。

2. 調整尺寸(Resize)：將圖像大小調整為模型輸入大小。

3. 減法(Subtract)：對所有數據減去相同的值。

4. 填充(Pad)：將相同的值填充到應用的任何位置。

5. 右移(Right-shift) ：將圖像往右偏移。

由於範例中的 MobileNetV2 模型使用 tensorflow 前處理來訓練，因此需在 DME 前處理中做對應的參數設定。此範例將使用 RGB565 圖像，調整尺寸並更改長寬比例。

7.5.4 模型運行

加載模型和設置配置後，範例將透過 kdp_inference 傳遞圖像並進行推論。在此範例中，我們提供了一張貓和狐狸的圖像。

```
#取得測試影像
img_path = './data/images/cat.jpg'
img_path2 = './data/images/fox.jpg'


npraw_data = kdp_wrapper.kdp_inference(dev_idx, img_path)


# 利用 Keras 套件作後處理
preds = kdp_wrapper.softmax(npraw_data).reshape(1, 1000)
top_indexes(preds, 3)
```

7.5.5 後處理程序 (Post Process)

如前一節所述，工具鏈從模型中移除了 softmax 層，因此在耐能裝置上的 NPU 輸出的推論結果，還需要經過 softmax 函數運算才算跑完整個模型網絡。Softmax 是分類模型的通用輸出層，其輸出的數目編號必須等於分類類別編號。您可以在此處找到更多資訊(Here)。

　　在完成 softmax 層之後，將可透過 Keras 的分類中找出 3 個最有可能的類別。無需調用此函數，我們可以將分類索引結果與此處的索引列表進行比較：Imagenet 類別索引(Imagenet Class Index)。

　　下面的兩張圖片為 DME 模式的執行結果：

```
./data/images/cat.jpg
281 0.5136782423999822
285 0.23041174139774295
282 0.15431613018623724
./data/images/fox.jpg
277 0.8318471411560402
278 0.06568296365719047
272 0.057467412876039244
de init kdp host lib....
```

參照類別的回傳資料：

類別 281 對應為 "tabby, tabby cat" ，符合輸入圖片的貓。

類別 277 則對應到 "red fox, Vulpes vulpes" ，符合原圖的狐狸。

```
273    272: 'coyote, prairie wolf, brush wolf, Canis latrans',
274    273: 'dingo, warrigal, warragal, Canis dingo',
275    274: 'dhole, Cuon alpinus',
276    275: 'African hunting dog, hyena dog, Cape hunting dog, Lycaon pictus',
277    276: 'hyena, hyaena',
278    277: 'red fox, Vulpes vulpes',
279    278: 'kit fox, Vulpes macrotis',
280    279: 'Arctic fox, white fox, Alopex lagopus',
281    280: 'grey fox, gray fox, Urocyon cinereoargenteus',
282    281: 'tabby, tabby cat',
283    282: 'tiger cat',
284    283: 'Persian cat',
285    284: 'Siamese cat, Siamese',
286    285: 'Egyptian cat',
287    286: 'cougar, puma, catamount, mountain lion, painter, panther, Felis concolor',
288    287: 'lynx, catamount',
289    288: 'leopard, Panthera pardus',
```

Imagenet 1000 類別的部分類別截圖

　　若你多試幾張照片來做推論，你會發現結果雖然相似，但是數字不見得完全一樣，這是正常現象，因為工具鏈在將模型做定點轉換分析時所使用的圖片與模型本身訓練時的圖片不完全相同而產生了誤差。在下一章節中，我們將更多地討論模型轉換成定點架構時的量化誤差。

7.5.6 練習題

　　請嘗試修改此 DME 範例，改從相機鏡頭來取得要做推論的圖像呢？

習題

1. 為什麼作物和土壤條件對農業很重要？

2. 無人機如何應用於土壤和農作物監測？

3. 人工智慧如何改善農業機器人的發展？

4. 將農業機器人代替人？

5. 您如何將人工智慧應用於害蟲防治？

6. 您如何進一步提高精耕細作？

CHAPTER 8

智慧城市

隨著全球人口的迅速增長，對社會服務的需求，將超過目前的供應。當前城市的基礎設施將無法跟上人口快速增長的步伐，城市在基礎設施上面臨重大的壓力，交通擁堵嚴重，衛生條件下降，犯罪率增加，對環境帶來嚴重影響。而紐約和台北[87]通過人工智慧轉化為世界十大成功的"智慧城市"[88]，利用人工智慧[89, 90, 91, 92]，結合大數據和物聯網，提高城市生活質素，並引起大規模連鎖效應：交通運輸、醫療衛生、金融經濟、犯罪治安和環保健康。

　　智慧城市構思看似完美無缺，但仍面對實施運作困難。首先地方政府和城市必須展開跨部門合作計劃，建立中央管理系統，協同工作，以達至有效服務成果。智慧城市的第二個主要問題是隱私和安全問題，不可避免在政治上引起強烈迴響。地方政府須提高數據收集的透明度和意識，使市民滿意數據的搜集和使用。數據安全問題也可能是一個大挑戰。城市必須採用安全且受監管的數據系統，減少網路黑客攻擊的風險。

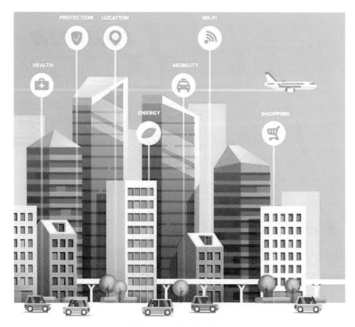

圖 8-1　智慧城市

8-1　智慧交通

　　智慧城市的實施，有助於交通運輸，減少道路擁堵。其中一種方法是通過智慧交通系統[93, 94, 95, 96, 97]控制交通信號，藉相機和路面傳感器來監視交通狀況，即時將道路擁堵情況輸送到中央管理系統。經人工智慧分析數據，控制交通信號調節汽車流量。並報告信號故障，車禍事故，提醒司機道路狀況，避免道路擁堵。這種方法減少了城市內行車時間。聖地亞哥(San Diego)在最繁忙的道路上安裝了 12 座交通監察系統，在高峰時間，疏導交通，將行車時間減少 25%，並將車輛停車次數減少了 53%。

圖 8-2　智慧交通

　　此外，智慧交通系統更可以改善公共交通，將公共汽車，地鐵和火車相互連繫，通過智慧手機將更新的時間表發送給公眾，減少了公眾候車的時間。此外，智慧交通系統建議增加公共汽車班次，並開始新的行車路線，鼓勵市民改乘交通公具，並減少道路擁堵狀況。

8-2 智慧停車場

交通設施其中一項重大改變，是智慧停車場的發展[93, 94, 95]。使用嵌入地面傳感器及停車結構，檢測車位空置率，將車位空置的數量和位置通知司機，節省司機泊車時間，減少街道上的汽車數量，改善道路擁堵時間。

圖 8-3　智慧停車

在紅木城(Redwood City)，VIMOC 在該市的兩個大型停車場中安裝了車輛檢測傳感器，空置車位信息不僅顯示在停車場外，還通過智慧手機通知司機。司機知道在何處停泊車輛，不但改善交通情況，更為城市提供重要信息，用於未來城市的發展規劃。

8-3　廢棄物管理

　　通過智慧城市能減少二氧化碳排放和保護自然環境的作用。儘管目前倡導綠色技術，實行稅收優惠和環境保護的政治討論，但二氧化碳排放量仍在迅速增加，並且帶來氣候變化危機。其中一種可行的方式是通過廢物管理[93, 94]。裝置在垃圾箱上的傳感器，可以在填滿垃圾後，立即通知當局派遣垃圾車處理廢棄物。巴塞羅那(Barcelona)的廢棄物管理系統採用類似的方法，來調動垃圾車以進行廢物收集，它減少垃圾車出動次數，不但有效處理廢棄物，更有利於城市長遠規遠發展。而且人工智慧更利用圖像處理區分紙張、塑料、玻璃和廚餘。這將大大改善廢棄物收集，並提高效率。這種高效節能和生態保護方法能遏止污染，並創造可持續的生態環境。

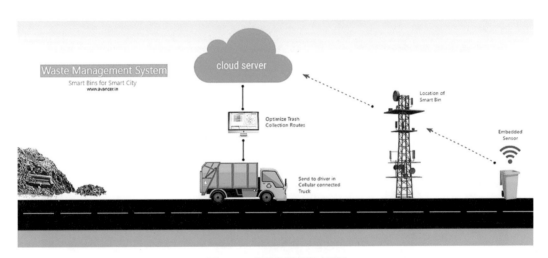

圖 8-4　智慧廢棄物管理

8-4 智慧電網

　　智慧城市利用智慧電網[98, 99]向公眾供應應力。中央管理系統應用人工智慧來監視所有能源，以調節電源供應和使用情況。能源不再局限於化石燃料或核能發電，更包括再生能源，尤其是太陽能。太陽能供應自 2010 年以來，在美國增加三倍以上。智慧電網用微電網代替了大型區域電網，以人工智慧來管理可再生能源與化石燃料發電之間的供應分配，而且避免了長距離電力輸送，避免因長距離輸送造成 15%功耗。谷哥(Google)採用了類似的方法，以再生能源和化石燃料互用發電，來減少雲端數據中心的功耗，每年能節省數百萬美元。智慧電網還可以預測由於機器故障和惡劣天氣條件(即暴風雨或冰雨)而引起的停電事故，維持穩定的電力供應。使用智慧電網，可以減少電力消耗，並帶來可觀的收益。

圖 8-5　智慧電網

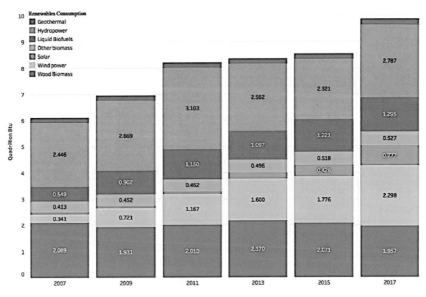

圖 8-6　可再生能源

8-5　環境保護

　　世界衛生組織(World Health Organization - WHO)估計有 92%的人口生活在空氣污染環境下，每年造成高達 300 萬人死亡。智慧城市[100, 101]應用人工智慧通過空氣污染傳感器監測空氣質量，識別污染來源，然後規範管理交通，建設和製造業，以改善空氣質量。通過智慧手機與公眾分享即時信息，並提醒個人採取保護措施，減少呼吸道疾病。根據污染程度的不同，它可以顯著減少 3%到 15%的負面健康影響。

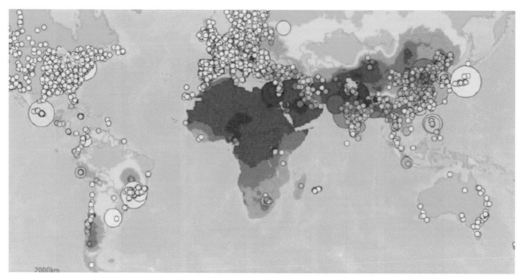

圖 8-7　空氣污染圖(WHO)

　　水源是重要的自然資源。通過智慧水錶，中央管理系統可以跟踪用水的模式並通知公眾節的用水，它可以在高耗水量住宅區減少約 15%的用水量。而水管洩漏是浪費用水主要源頭，洩漏傳感器可以向城市發出有關漏水的警報，從而將用水損失減少達25%。

8-6　實驗－量子化(Quantization)

　　比起運算能力強大的 Intel CPU，耐能的 KL520 是如何在如此低功耗的情況下跑得更加迅速呢？這是因為耐能的神經處理器針對深度學習模型的運算做了最佳化的設計。對模型做分析，並將模型從原本 32 位元的浮點架構(float 32)轉換成 8 位元的整數架構(int8)，讓模型在維持準確度的情況下變得輕巧又有效率。

8.6.1 比較說明－ 浮點數與 8 位元整數

　　因為耐能 KL520 以 8 位元整數取代原本的 32 位元浮點數架構來做推論，比起原本的 Keras 推論，耐能產品的推論結果將會有些許不同，下圖為 MobileNetV2 推論的結果比較：

Keras 16 位元浮點架構

```
#output top 3 prediction
print(img_path)
top_indexes(preds, 3)
```

```
./data/cat.jpg
281 0.56396306
285 0.18702154
282 0.12912764
./data/fox.jpg
277 0.7622318
278 0.10189375
280 0.024043236
```

```
./data/images/cat.jpg
281 0.5136782423999822
285 0.23041174139774295
282 0.15431613018623724
./data/images/fox.jpg
277 0.8318471411560402
278 0.06568296365719047
272 0.057467412876039244
de init kdp host lib....
```

圖 8-8 量化結果比較說明

　　如上圖所見，兩種架構的推論結果中，信心分數(confidence score or probability)達到門檻的類別(class)是一致的，然而信心分數卻有差異，造成差異的原因即爲量化誤差(quantization error)。

8.6.2 量化誤差

　　在程式設計的世界，任何的數值或變數都會以固定的精度來表示。舉例來說，INT8 表示 8 位元整數，double 代表兩倍精度(double precision)或是 64 位元浮點數，而 float 則爲單精度浮點數(single precision)或是 32 位元浮點數。Keras 即利用符合 IEEE 754 規範的 32 位元單精度浮點數來表示權重、特徵圖以及推論運算中所用到的變數。

　　而耐能的產品則使用 INT8 架構來儲存權重與特徵圖等資料，來達到節省記憶體、加快推論速度且大幅地降低運算功耗等優勢，這在終端計算(edge computing)中非常的有用。耐能的編譯器擁有專門的演算法可針對這些資料的轉換來做校正，轉換公式如下：

```
INT8_value = min(max((round(FL32_value / scale) - offset), 0), 255)
```

　　同時，我們也可以將 INT8 的數值回推至 32 位元浮點數，公式如下：

```
FL32_value_recover = (INT8_value + offset) * scale
```

回推後的 32 位元浮點數數值(FL32_value_recover)將與轉換成 INT8 之前的浮點數數值(FL32_value)有所差異,這也是爲什麼即便是同樣的模型,在 Keras 上和在耐能 KL520 中的推論結果數值不會完全一樣。但即便數值上有些許差異,這樣 INT8 的架構在深度學習的實作上將與 32 位元浮點數架構沒有太大的差異。

8.6.3 降低量化誤差的影響

前面章節中我們跑的 MobileNetV2 分類應用中,耐能 KL520 用 INT8 架構推論所得到的信心分數與 Keras 的 32 位元浮點架構所得到的結果通常不會相同,然而,最高分的類別則會一致,對於分類應用的結果來說 INT8 架構幾乎是等同於浮點架構。

在偵測類型的應用中,32 位元浮點數架構與 INT8 架構的信心分數通常都不會一樣。爲了要在 KL520 上獲得的信心分數最有效的使用,我們可以比照 32 位元浮點架構的模型算法。首先,設定一個目標矩陣,在偵測應用上通常會使用 F1 score,接著將信心分數的門檻從 0 至 100%,當中 F1 score 最高分的信心分數即爲最佳設定。除了 F1 score 之外,也可以用其他的矩陣如 precision 與 recall 的權重總和來嘗試。

除此之外,畫出 KL520 的 precision 與 recall 曲線再去找出曲線上最佳的甜蜜點也是一種方法。

8.6.4 練習題

請嘗試用不同的圖片再次編譯模型 MobileNetV2,讓轉換成 INT8 後的模型能夠與 Keras 的輸出有更相近的推論結果。

習題

1. 智慧交通能否解決交通擁堵問題？

2. 如何開發智慧汽車改善公共交通？

3. 智慧停車場能如何節省時間？

4. 如何進一步改善廢物管理？

5. 智慧電網能否滿足電力需求？

6. 人工智慧如何促進環境保育？

7. 政府在智慧城市扮演什麼角色？

CHAPTER 9

政府的挑戰

人工智慧的快速增長不僅限於商業發展，並延伸至政府運作 [102, 103, 104]。為何人工智慧能運用於政府運作？政府僱用大批公務員，並處理大量數據。例如，美國聯邦政府僱用超過 210 萬名公務員，費用超過 1680 億美元，人工智慧可以幫助政府有效管理公務員，並減少總體工作量。此外，聯邦政府已經數碼化超過 2.25 億頁的文檔，到 2024 年將達到 5 億頁的文檔。人工智慧可以有效地處理大量數據。根據估算，人工智慧每年可以減低超過 9670 萬到 12 億的工作小時，每年可能節省 33 億到 411 億美元。超過 20 個國家[1]已經制定了未來的國家人工智慧發展策略。估計到 2030 年，人工智慧能使國家生產總值(Gross Domestic Product - GDP)增長 14%。

---

[1]　這些國家包括美國、英國、加拿大、中國、印度、德國、法國、俄羅斯、日本和韓國。

對於政府而言,人工智慧集成分為三個階段:輔助、增強和自治。

■ 輔助智能應用大數據方法,雲端計算和數據科學來支持決策。

■ 增強智能將機器學習應用到目前運作系統中,以減輕繁重的工作,並使公務員能專注於其他重要任務。

■ 自主智能通過機器人過程自動化(Robotic Process Automation - RPA)方法自動執行日常任務。

在整合過程中,政府需要考慮如何通過詳細計劃充分利用人工智慧,在人與機器之間取得平衡,以避免引起衝突。政府還需要教導公務員,如何使用新技術,有效地提高整體工作效率。

在本章中,它簡要介紹政府中的幾種人工智慧應用,包括信息技術、社會服務、執法、立法和道德問題。最後,介紹公眾對人工智慧的看法,使政府在日常生活中有效應用人工智慧。

圖 9-1　國家人工智慧戰略

9-1 信息技術

9.1.1 數據力量

　　由於政府部門的系統各不相同，彼此並不完全兼容，因此公務員需要花費大量時間和精力來處理數據。然而，通過人工智慧[105, 106]可以輕鬆處理數據。人工智慧可以快速而準確地完成耗時的任務，特別對於重覆的工作。在不同部門收集重要數據，並將資料分發到正確的部門進行處理。將數據收集到中央系統處理，可以大幅度提高政府的工作效率。

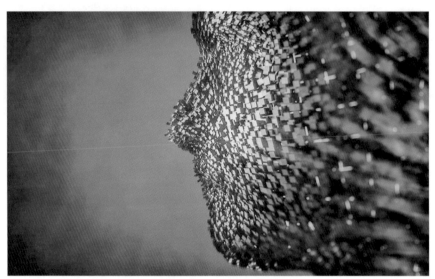

圖 9-2　數據的力量

　　政府還應用人工智慧對數據進行分析，以了解醫療、教育、公共交通和城市規劃等方面的公眾需求，然後進行資源分配，以改善總體生活條件。政府分析來自道路相機和傳感器的交通數據，然後調整交通信號，並提供更好的公共交通配合，以解決交通擁堵問題。政府通過預測模型，將資源有效分配，使城市蓬勃發展。

9.1.2 網絡安全

　　人工智慧還以國家安全為目標，處理網絡攻擊[106, 107, 108]。不僅在於電子郵件過濾器系統中，可以及早發現異常和可疑活動，作出相對回應的措施。並識別惡意攻擊，防止機密數據洩漏，特別是對於國防系統，並針對恐怖襲擊，而建立網絡防禦系統。

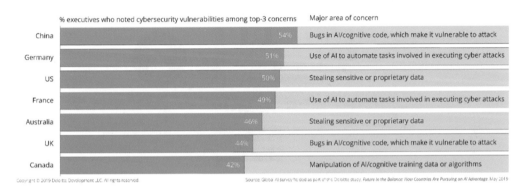

圖 9-3　網絡安全

9-2　人事服務

9.2.1 案例挑戰

　　政府已將人工智慧應用於社會服務[[109, 110, 111, 112]]，減少繁複文書處理，讓社工能優先處理高風險案例，以加快服務處理速度，縮短漫長的等待時間。透過自然語言處理(Natural Language Processing - NLP)方法克服語言障礙，與非英語市民溝通。通過機器學習機器人過程自動化(Robotic Process Automation - RPA)，它減輕案例工作人員的壓力，並使他們繼續留在工作崗位上，減少社工流失。

圖 9-4　工作者支持

9.2.2 高風險預測

　　社會服務部應用人工智慧技術來預測高危個案[109, 110]，集中 3 歲以下的孩子、年輕的父母、有心理問題和虐待背景的高危群族。讓前線社工優先處高風險個案，根據風險評估，而不是隨機抽樣方法來處理個案。

9.2.3 欺騙識別

　　人工智慧可以警告潛在的欺騙行為[109, 110]，它基於過去的記錄用作訓練神經網絡模型。並繼續輸入更多記錄來更新模型，以提高模型的整體準確性。

9.2.4 虛擬助理

　　虛擬助理[109, 110]可以克服語言障礙，回答市民的一般詢問，以社工解決更複雜的問題。人工智慧應用程序可以幫助市民確定政府服務資格，並提交服務申請，加快流程運作，並減少社工服務工作量。

圖 9-5　虛擬助理

9-3　執法

　　最近，人工智慧在政府中扮演著極為重要的角色：執法。提供不同方法來檢測和預防犯罪發生。本章簡要介紹幾方面重要突破。

9.3.1 面部識別

　　對於執法而言，面部識別[113, 114]是關鍵技術之一，它不僅限於監視，而且還包括逮捕和預防犯罪。新的面部識別可以通過其他更改來執行面部修改：玻璃、鬍鬚、頭髮和衣服，以識別犯罪分子。它還能根據面部表情和手勢預測動作，以檢測個人意圖，尤其是對於入店行竊和自殺傾向。

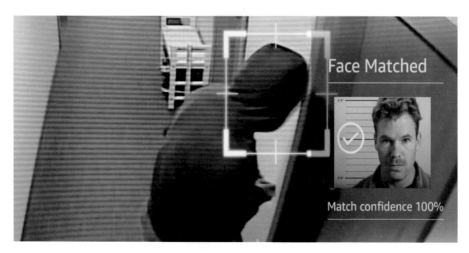

圖 9-6　面部識別

9.3.2 犯罪現場預測

　　人工智慧與大數據相結合，可以預測犯罪發生的時間和地點[115, 116]。根據過去的犯罪紀錄，在時間和空間上將特定的犯罪類型進行分類評估。觀察最近的犯罪案例，預測何時何地發生同樣案例。一個地區的盜竊案可能與周圍地區的更多盜竊案相連。這種技術稱為實時流行型餘震序列犯罪預測。提醒警察在犯罪現場進行巡邏，以預防罪案發生。一個成功的例子是華盛頓州的塔科馬，採用 Predpol 系統後，入屋盜竊案例下降了 22%。

圖 9-7　預防犯罪現場

9.3.3　審前釋放/假釋

　　法官根據自己的判斷，決定釋放或保釋疑犯。法官必須確定疑犯有否潛逃危險，對證人或社會構成危險，這是一項艱鉅的任務，存在偏見和錯誤。將多年犯罪紀錄輸入人工智慧係統[115]，以預測疑犯屬於低度、中度，還是高度風險，以幫助法官做出決定。通過大量犯罪個案數據輸入系統，可以對系統進行更新，以提高準確性。

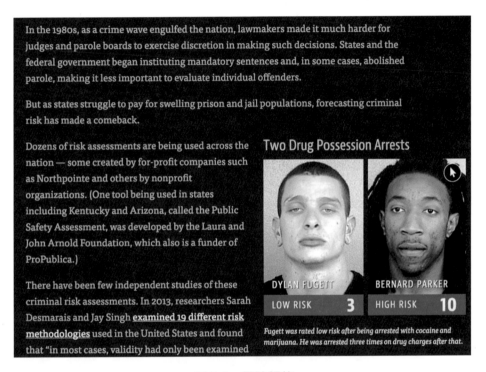

In the 1980s, as a crime wave engulfed the nation, lawmakers made it much harder for judges and parole boards to exercise discretion in making such decisions. States and the federal government began instituting mandatory sentences and, in some cases, abolished parole, making it less important to evaluate individual offenders.

But as states struggle to pay for swelling prison and jail populations, forecasting criminal risk has made a comeback.

Dozens of risk assessments are being used across the nation — some created by for-profit companies such as Northpointe and others by nonprofit organizations. (One tool being used in states including Kentucky and Arizona, called the Public Safety Assessment, was developed by the Laura and John Arnold Foundation, which also is a funder of ProPublica.)

There have been few independent studies of these criminal risk assessments. In 2013, researchers Sarah Desmarais and Jay Singh examined 19 different risk methodologies used in the United States and found that "in most cases, validity had only been examined

Two Drug Possession Arrests

DYLAN FUGETT
LOW RISK 3

BERNARD PARKER
HIGH RISK 10

Fugett was rated low risk after being arrested with cocaine and marijuana. He was arrested three times on drug charges after that.

圖 9-8　風險評估

9.3.4　增強人類運動

　　增強人類運動[115]是從電影和視頻遊戲中衍生出來的，它們以編程方式生成的人類動作在不同位置具有不同的著裝。對於警察來說，重新創建犯罪現場以說服犯罪嫌疑人在審訊中參與犯罪非常有用。

9-4 立法

需要時間來了解如何使用或濫用嶄新科技，大多數政府逐漸開始制定針對人工智慧技術的新法律。

9.4.1 自動駕駛汽車

自動駕駛汽車是重要的立法對像[117, 118, 119]，自動駕駛汽車在道路上行駛，涉及行人安全問題，汽車意外可能導致致命的後果。20 個國家和地區已經制定自動駕駛汽車的許可法，將自動駕駛汽車付諸實施。美國聯邦立法和監管人員與交通運輸部合作，研究如何通過新的交通法規來規範自動駕駛汽車。超過 60%的州政府已立法規定進行自動駕駛汽車測試或部署。新的交通法規還規定事故的責任承擔，汽車製造商或駕駛員，與保險範圍和賠償有著的重要關連。

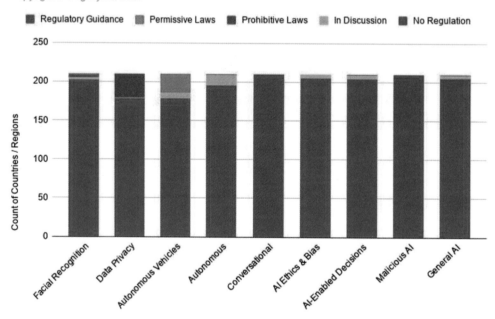

圖 9-9　人工智慧法律/法規

9.4.2　資料隱私

　　另一個重要的人工智慧立法是數據隱私[117, 118, 119]。人工智慧系統通過在線購物預測顧客的購物行為和喜好，然後推薦銷售的產品。它還通過公共交通或行車記錄來監視個人行蹤。侵犯個人隱私。有 31 個國家和地區制定禁止性法律，限制未經事先同意或有其他限制的數據共享或交換。

圖 9-10　數據隱私

9.4.3　致命的自主武器

　　致命的自主武器[117]也在該法規之內，因與公民和國家安全有關，它迫使人類參與武器的開發。

　　由於人工智慧的快速增長，政府定法需間，因此引入 "軟法"(Soft Law)，它不是由政府強制執行，而是根據專業指南，和相關準則和標準，使人工智慧有效發展，而不受嚴格的限制。

9-5 倫理

隨著工作場所人工智慧的迅速發展，引發與道德問題相關的廣泛問題[120, 121]。公眾開始討論研究模型透明性，偏見和歧視、個人隱私、系統責任和勞動力流失各方面的問題。

圖 9-11　人工智慧倫理

9.5.1　運作理解

　　人工智慧源自神經網絡模型，缺少對模型理解認識，被視為黑盒模型(Black Box)形式進行運作，公眾可能會質疑結果準確性，尤其是對於司法系統和移民決定。政府有責任解釋運作架構，消除公眾之間的誤解。

9.5.2　偏見與歧視

　　隨著人工智慧變得越來越強大，公眾開始擔心道德風險。由於從數據集中訓練神經網絡模型，因此結果高度依賴於數據假設和偏見(性別、種族和社會地位)。政府必須意識到數據的完整性，並規範數據集進行訓練。

9.5.3　個人隱私共享

　　個人隱私是與人工智慧相關的另一個關鍵問題。公眾不喜歡個人隱私共享於不同政府部門，所以限制個人隱私共享，需要優先處理。而且執法部門應用面部識別來識別犯罪嫌疑人，以預防犯罪並追蹤罪犯。但可能會侵犯公共隱私。政府必須立法規定數據的收集和使用。它不僅保護個人隱私，而且還建立公眾與政府之間對人工智慧發展的信任。

9.5.4　系統責任

　　由於人工智慧進一步使決策流程自動化，因此政府必須監控系統準確和穩定，並考慮系統可靠性，避免構成公眾的負面影響。

9.5.5　勞動力轉移

　　人工智慧將任務自動化取代目前勞動力，政府必須考慮如何重新分配當前勞動力，作不同發展。需要制定培訓計劃，以教導員工採用新技術。提供新的工作崗位以容納過剩勞動力，否則會造成嚴重的失業問題。

　　除了制定規範道德問題的政策和準則。政府還成立中央委員會，邀請來自不同領域的研究/開發人員和各方面代表，商討如何將人工智慧應用到政府部門，並解決任何相關問題，以避免引起公眾與政府之間的衝突。

9-6 公眾視野

公眾[122]普遍支持政府的人工智慧策略,但因使用案例而異:

■ 公眾支持人工智慧在信息技術,社會服務和執法中的應用,但不支持與司法和移民系統有關的敏感決定。

■ 在一般國家(中國、印度和印度尼西亞),公眾對人工智慧表示大力支持,但發達的國家(瑞士和奧地利)支持率卻偏低。

■ 年輕人和生活在城市中的人對人工智慧的大力支持,而老年人和農村人則顯示出較低支持。

■ 公眾關注道德和隱私問題,他們也因人工智慧而對失業感到焦慮和壓力。

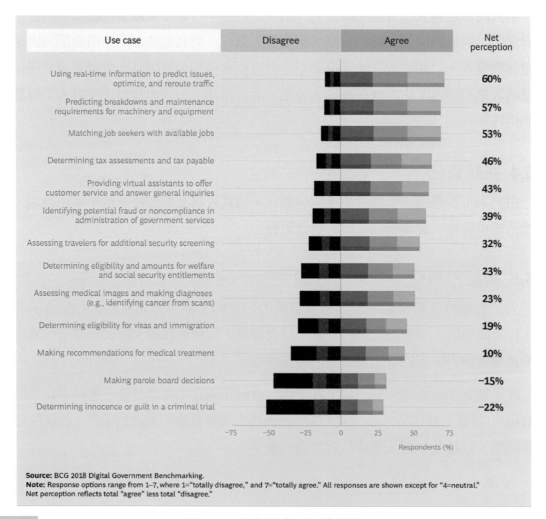

圖 9-12 用例的人工智慧支持

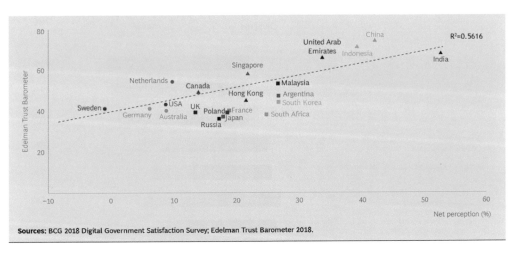

圖 9-13　信任的人工智慧支持

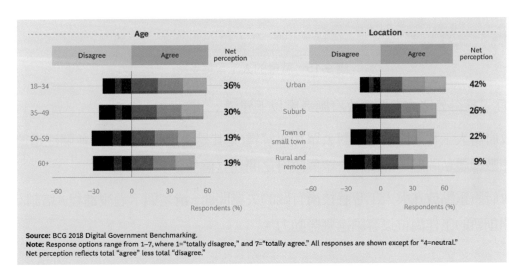

圖 9-14　年齡/位置的人工智慧支持

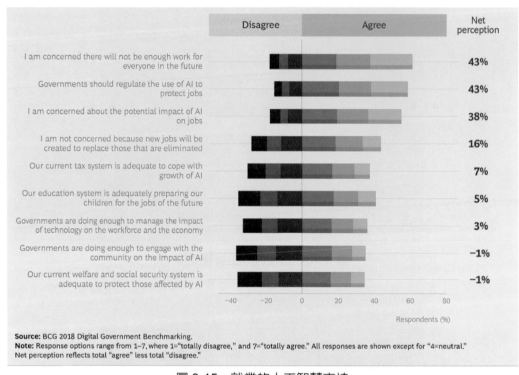

圖 9-15　就業的人工智慧支持

　　為了獲得公眾的支持，政府應考慮以下建議：

■ 政府將人工智慧應用程序對公眾加以解釋(尤其是決策應用程序)，並關注道德規範和數據隱私問題，然後在公眾與政府之間建立信任。

■ 政府將重點放在與人工智慧技術有關的失業問題。清楚顯示過渡進程，培訓計劃。開創新的工作崗位以容納過剩勞動力。

　　由於人工智慧技術發展迅速，因此政府應延攬人工智慧專業人才，訂定過渡和培訓計劃。專業人才還幫助立法者規範人工智慧的有效發展。

9-7　**KNEO** 是什麼？

9.7.1 網格智慧(KNEO)

網格智慧 KNEO(www.kneo.ai)是一個由耐能驅動的設備組成的私有網格智慧網絡，主要是由下列幾個字組成，示意如下：

Kneron — 耐能智慧

Neural network — 神經網路

Edge AI — 端測的人工智慧

Open platform — 自主的開放的人工智慧平臺

一個以個人可以自主的開放的人工智慧平臺。它可以為每個人提供個性化的移動人工智慧，就如現有的智慧手機和應用程式，為所有人提供個性化的移動計算一樣。網格智慧(KNEO)為人工智慧開發者提供一個開放的平臺，基於主流人工智慧框架和模型，為使用 KNEO 的消費者和企業構建人工智慧應用程式。

圖 9-16　邊緣網格智慧

網格智慧平台(KNEO STEMS)是人工智慧模塊或傳感器(攝像頭、麥克風、熱傳感器)連接在一起構建的一個邊緣網格智慧，它無需訪問雲端來處理人工智慧模型和應用。只需要兩個或多個網格智慧平台(KNEO STEMS)連接就可以協同工作，從而成為自己的私人人工智慧網絡，保護你的利益。

就像我們的眼睛和耳朵一樣，多個傳感器結合比單個的傳感器對外界的反應更強大和準確。網格智慧(KNEO)將多個傳感器連接在一起，我們稱之為"傳感器融合"，以創建更私有、功能強大且可移動的網格智慧。在家裡，你可以做到安全管理和能源消耗，甚至可以監控你冰箱裏的食物存儲和新鮮度。把 KNEO 帶到外面，你可以監控你停車場裏的汽車，通過網格智慧平台(KNEO STEMS)了解你的駕駛和購物習慣，甚至可以運用從醫生開具的人工智慧應用程式來管理你的出門後健康和健身方案。

9.7.2 網格智慧(KNEO)應用程式平台

網格智慧 KNEO(www.kneo.ai)的個人移動人工智慧平臺，將使人工智慧平民化，以實現我們讓人人都能使用人工智慧的願景。KNEO 平臺將使人工智慧應用程式像今天的移動應用程式一樣普遍，並為人工智慧應用程式開發者開啓一個新世界。

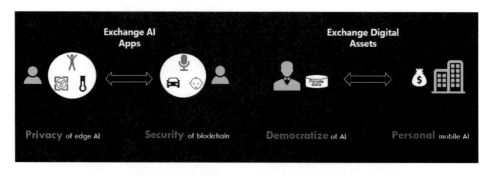

圖 9-17　交易市場可以包含數字資產

　　網格智慧(KNEO)人工智慧應用程式商城將會惠及到每個人，未來會如同今天的移動 APP 商城一樣普遍。

圖 9-18　網格智慧(KNEO)人工智慧應用程式商城

- 開發者：開發和上傳人工智慧應用程式到 KNEO(www.kneo.ai)平臺，從而可以積累用戶並從中獲利。
- 消費者：下載人工智慧應用程式，並將它們安裝到自己的 KNEO 設備生態系統中，從而可為其提供私人和個人的人工智慧幫助。
- 服務商：可開發其相應的人工智慧 App，例如：患者健康管理、汽車售後維護或客戶健身方案等。
- 設備商：隨著邊緣人工智慧的快速發展，它將不斷的進入人們的生活，隨之銷售的 KNEO 驅動設備也將越來越多。

9.7.3 網格智慧(KNEO)數字資產市場

　　網格智慧(KNEO(www.kneo.ai))使用區塊鏈技術保護您的私有數據，並將它們轉換為你可以管理的數字資產。你可用它來與公司交換服務上的折扣或者出售，讓你的數據回到你的掌控之下。

網格智慧(KNEO)的數字資產市場可以讓消費者自行保護、交換或出售他們的數據給感興趣的買家。你的數據，由你選擇市場。

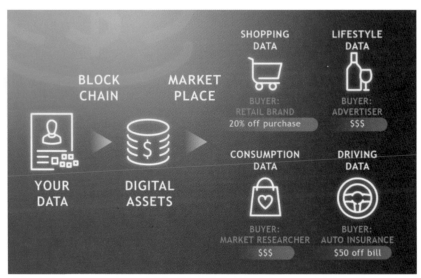

圖 9-19　資產市場示意

當網格智慧平台(KNEO STEMS)隨著和你一起在超市或購物中心購物時，你的購物習慣會隨著時間的流逝而變得越來越有價值。建立在網格智慧(KNEO)邊緣人工智慧網格智慧之上的區塊鏈技術，將這些數據轉換為你管理的數字資產。你可以選擇刪除或私下保留，或選擇與品牌商換取折扣，或在網格智慧(KNEO)數字資產市場上以市場價值出售給廣告商。你的數據你做主，把你的數據還給你自己。

9.7.4 KNEO 的畫面介紹

當你登入 KNEO(www.kneo.ai)的平台，可以選擇硬體與軟體的兩個項目圖示如下：

圖 9-20　登入後，軟體購買介面

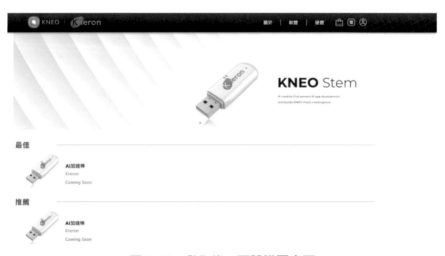

圖 9-21　登入後，硬體購買介面

登入之後可以根據你自己預定地角色進行相對應的操作。

習題

1. 政府信息技術如何受益於人工智慧發展？

2. 人工智慧對政府公共服務的貢獻是什麼？

3. 如何加強工智慧應在執法的應用？

4. 應該立法或監管哪方面人工智慧開發？

5. 什麼是人工智慧主要倫理問題？

6. 對人工智慧有何看法？

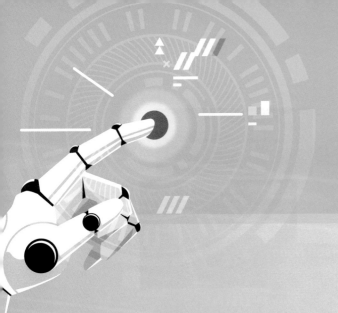

CHAPTER **10**

漫談邊緣運算

　　什麼是邊緣運算(Edge computing)？既然是在邊緣，應當是相對的簡易明瞭，為何還要計算？還要回答這個問題？首先要能瞭解邊緣運算的源起在於物聯網(IoT, Internet of things)的興起導致連網裝置變多，隨著全球人口的迅速增長，消費性電子產品價格也越來越親民，導致個人所擁有的連網裝置多是超過一種以上。邊緣運算是一個趨勢，如圖 10-1 則是揭櫫各個大廠的布局示意。

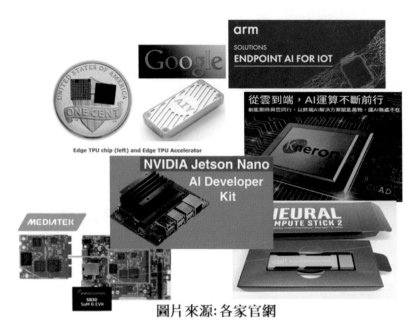

圖片來源: 各家官網

圖 10-1　各家大廠在邊緣運算(Edge computing)的布局示意

　　舉例而言，智慧型手機筆電或是平板家裡連網的閘道器等，你在這個當下享受著邊緣運算帶來的便捷，而這種體驗來自於你口袋裡的智慧型手機或是手上的智慧手環。存在於電信網路「邊緣」的智慧型手機，能夠以更聰明的方式處理語音應答內容和拍攝出更好看的照片。

　　所以，邊緣運算的裝置，指的就是在盡量靠近來源處取得和處理資料的裝置。通常也是代表接入物聯網的裝置，也有人稱之為感應器(sensor)。可以接收穫感測周圍得到資料，由於資料量的龐大或是基於體驗想要很快地得到結果(比如說拍照的美肌效果)，邊緣運算由此而生。如圖 10-2 即是說明這種資料流的架構。

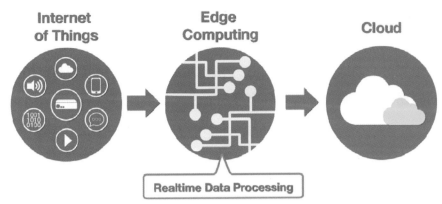

圖 10-2　邊緣運算(Edge computing)示意(圖片來源：TALARI)

資料量的增加起源於兩個原因：

■ 物聯網設備需求，導致端測裝置(包含各種感應器)的快速增長，跟應用場景的擴充
(從個人、家庭、工廠、大樓、城市，乃至於農漁業)。

■ 消費者對於本身從資訊的使用者轉變成資訊的產生者。

原本在資訊的使用鏈上，消費者轉變成資訊的產生者跟資訊的使用者雙重角色並
存，所以在倫理與隱私的議題保護下，加上使用者體驗的消費意識抬頭，經過篩選的
資料才上傳雲端成為新的服務趨勢。如圖 10-3 即是表明資料流結構化的改變：邊緣裝
置智慧化。

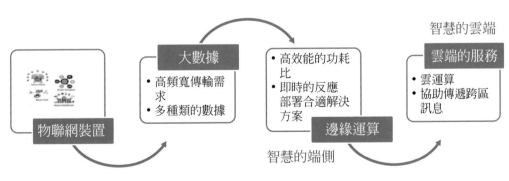

圖 10-3　邊緣裝置智慧化

10-1 人工智慧硬體架構新趨勢

因應人工智慧的遍地開花與大數據，引動的創新，眾多的創新商務模式帶動創新服務，創新服務進而帶動更多的物聯網設備需求，有衍伸出三個趨勢：

■ 邊緣裝置加上人工智慧運算搭配雲端的人工智慧及應用方案，引領硬體業者升級。

■ 物聯網設備(Interne of Things，IoT)軟硬系統整合與國外市場擴展，培育旗艦的系統整合服務商(System Integrator，SI)。

■ 物聯網設備(Interne of Things，IoT)創新中小企業：創新應用與地方產業發展。

當前分秒必爭的人工智慧運算作業需要進行邊緣運算，以減少在遠端伺服器上往返傳輸資料進行處理所造成的延遲及頻寬問題；除此之外，也會受限於頻寬基礎建設的問題，並非每個地方的頻寬都可以負荷得了數據量的暴增。所以，硬體組織架構也跟著改變。如圖 10-4 說明端測裝置的比重越來越大。

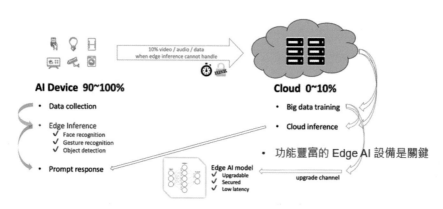

圖 10-4　端測裝置加上人工智慧(AI)讓邊緣運算更接地氣

就如同第八章提到的，利用人工智慧[89, 90, 91, 92]，結合大數據和物聯網，提高城市生活的素質，而在這種種構思之下，面對實施的部分，進擊的邊緣運算把資料處理的工作在各自的應用場域上負擔 90%以上，會是一個重要的關鍵。

以下即針對幾項的即時智慧的應用分別說明邊緣運算的應用。

10.1.1 數字個人助理

　　數字個人助理(一個邊緣運算與雲端協同處理的最佳典範)正在變得越來越聰明。諸如亞馬遜和谷歌之類的公司正投入數十億美元，以使數字助理在語音識別和語意理解可以更貼近自然語言。橫向連結到行事曆上可以讓我們的日常工作方面更加出色，從而為越來越複雜的任務打開了大門。如圖 10-5 就提供這點的工作分類。

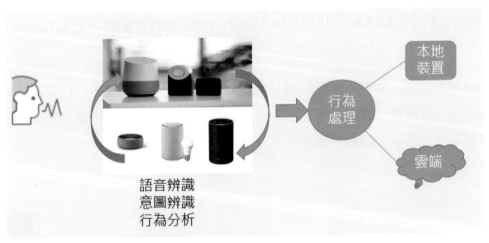

圖 10-5　語音助理如何提供服務(產品照片來源:各家官網)

　　因為您的私人助理知道您喜歡什麼：

■　想像一下，當您被鬧鐘叫醒之後，已經有熱騰騰的咖啡與天氣跟行事曆的提醒。

■　想像一下，您的廚房有哪些食物經過忙碌的一天，隨時為您準備您渴望的美味佳餚。

■　想像一下，您一周中的哪幾天有想要嘗試的新甜點的額外食譜。

■　想像一下，當您下班回來時，所有雜貨都在您家門口等待，享受開箱的快感。

■　想像一下，從您的自定義報告裡得到的新聞，不僅是在市場關閉時，而是為您提供的嗎？

　　想要控制居家的智慧裝置，除了語音辨識之外，當然還需要彼此溝通的通訊協定，這樣才能聽得懂下個命令需要做何種動作的回應，主要會有幾個方向：

■ 本機語音用戶界面，用於許多常用命令。

■ 上下文定位，可以使用上下文線索(例如設備組)來發出以正確設備為目標的命令，即使客戶不是很明確。

■ 通過設定程序遠程控制設備。

■ 使用語音助理(ALEXA、SIRIS、GOOGLE-ASSISTANT 等)應用查看和控制設備。

　　使用語音助理，當然不是無時無刻的聽取接收周圍語音，來進行任務解析，除了定時裝置外，就需要一個關鍵字，通常稱之為喚醒詞來啟動語音助理。如圖 10-6 說明語音助理需要喚醒詞語關鍵字來啟動。

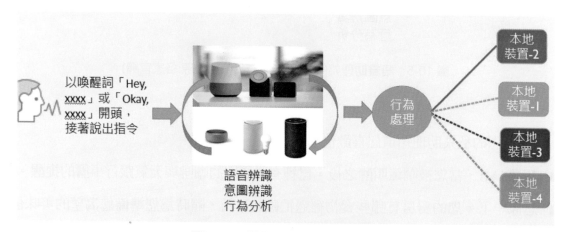

圖 10-6　語音助理控制終端產品

10.1.2　智慧門鎖

很多人可能因為充忙趕出門而有有忘記帶鑰匙的經驗，或是因為某些突發事故把鑰匙遺落在某地的痛苦經驗，所以衍生出智慧門鎖這一類的產品。在早期，這一類產品多出的只是密碼鎖或是透過手機的 APP 利用藍牙無線網路連線。相較於傳統鎖得多道鎖，開鎖慢，以及鎖匠可輕易打開種種弊病，電子智能門鎖在市場上保有許多優勢。除了開鎖難度高之外，利用按鍵式或指紋開鎖，安全度更佳。而且可以透過設定，沒有經過合法程序開鎖會有警示。

圖 10-7　耐能智慧的智慧門鎖

這樣的重重卡關想必會花很久的時間才能解鎖吧？那不就像阿里巴巴一樣，一邊大喊著芝麻開門、一邊無聊的等待？

其實這是錯誤的觀念；基於良好的使用者體驗，門的解鎖(從感應到人臉、擷取影像、算法分析、辨識完成、顯示與通知動作)都是在一秒內即刻完成。除此之外，智慧門鎖還保留的多重選項，諸如指紋、刷卡等，把裝置使用選擇權交給使用者。至於刷臉為何會成為顯學、主要的原因在於以下幾點：

■ 再健忘的人，總是會帶著臉出門吧？

■ 人臉是唯一的特徵，出門在外被採集的可能性即存在。

■ 趕上科技防疫的需求。

解決"鑰匙"的問題，應該會有人想到隱私，我的臉被使用了會不會被盜取？使用邊緣運算的一項好處是，資料在本地處理完畢，直接轉換成數字矩陣，這一連串的數字透過神經網路的算法已經不可逆返回原來的照片，這表示，這一連串數字對外已經去識別化旁人無法針對這一串數字做其他事情。

一個可以正常工作的人臉識別系統，除了實現"認人"之外，還包括活體檢測。在大多數人的印象中，人臉識別技術就是讓機器把人認出來。所以是要認出"真的人"，而不是高清的照片或是影片，這就是人臉防偽/活體檢測(Face Anti-Spoofing)技術。人臉識別活體檢測可以避免門鎖被非法的行為合法的開門。如圖 10-8 即是顯示出高清面具製造出複製人。

圖 10-8　高清面具製造出複製人

門鎖所需要的防止活體攻擊算法，即是說當你感應開門的時候，演算法要判別這張臉是不是真人活體，而對於合成或自己照片影像通過驗證的，應該予以拒絕。

當然，此項重要功能除了用到門鎖外，也可以用到金融，例如說刷臉支付，所以針對這項功能也有必要的認證，正式通過國家金融 IC 卡安全檢測中心-銀行卡檢測中心(BCTC)的技術認證，達到國家認證的金融支付級安全標準。

10-2 智慧智慧穿戴裝置

隨著物聯網(IoT)與人工智慧(Artificial Intelligence, AI)議題在 2017 年的沸騰，肩負消費者貼身助理與健康管家的穿戴裝置，將透過導入 AI 功能變得更聰明。如圖 10-9 顯示智慧穿戴裝置的連年成長與穿配位置示意。

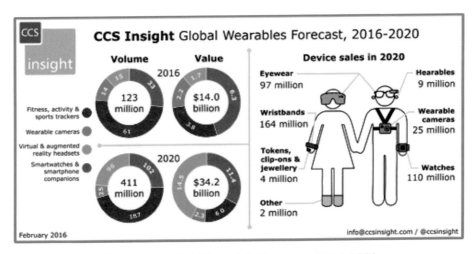

圖 10-9　Global Wearable Forecast, 2016-2020

許多穿戴裝置，例如：智慧手環、智慧手錶、智慧眼鏡或智慧運動鞋等，都內建能夠偵測裝置運動狀態的動作感測器(IMU)。透過分析解譯穿戴裝置之動作感測器資料，將能辨識使用者當下之動作內容，進而發展各式各樣之智慧穿戴服務，如久坐偵測、步伐分析、跌倒偵測、健身教練等。

目前市場上智慧穿戴的主力分爲手錶與手環兩大類別，主要的應用除了時間的基礎功能外其他必備的項目：

■ 運動健康監測系統：常見的心率偵測、血氧脈搏。

■ 紀錄不同環境下的活動狀態：走路距離步數結合地圖的軌跡紀錄。

■ 睡眠偵測。

■ 輕鬆健身的系列課程，在家就可以直接跟著語音指導你健身的體驗。

■ 日常運動模式跑步、游泳、騎車等戶外運動。

10.2.1 智慧手錶

智慧手錶上採用的兩大作業系統，分別爲 Apple 的 watchOS、Google 的 Wear OS by Google。

■ watchOS：就是 Apple Watch 使用的作業系統，只能與 iPhone 搭配使用，watchOS 有支持家人人共享功能。

■ Wear OS by Google：由 Google 推出，同時支援 Android 及 iOS 系統，不管是 iPhone 或 Android 手機都能搭配使用。

當然相對這兩大陣營其他的次集團，如三星、華爲、聯發科也都推出各自代表的作業系統。

智慧手錶除了追求時尚外，更重要的是結合人工智慧分析感測器得到的數據，可即時分析身體當下的狀況進而做出相對應的動作，及時有效避免傷害。

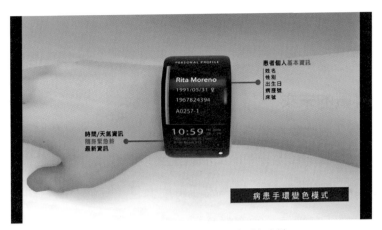

圖 10-10　輔助醫療用的智慧手錶

10.2.2 智慧手環

巴伐洛夫制約是一個很有名的心理實驗，透過食物和鈴聲的反覆配合，讓狗最後就算沒有看到食物，也會開始流口水。

Pavlok 電擊手環，只要偵測到「手部壞習慣」(POSE 分析)，只要在 APP 裡先選好，就會有電擊伺候。內建模組能夠連接手機 APP 進行設定，只要做出吃零食、賴床、咬指甲、吸菸等壞習慣，手環就會透過嗶嗶聲、震動或放出微弱電流來「警告」你。如圖 10-11 顯示巴伐洛夫制約的流程。

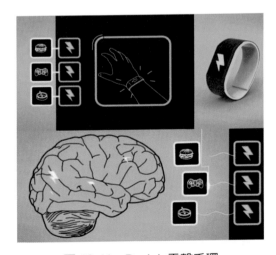

圖 10-11　Pavlok 電擊手環

「電擊的力道如同『乾燥多天觸摸毛衣』的靜電」，只要經過 3～5 天，做壞習慣的動作時，便會聯想起被電的痛感、進而減少做壞習慣的頻率。

10.2.3 智慧穿戴的未來

分析解譯穿戴裝置之動作感測器資料，以理解使用者之動作狀態等應用需求。這些智慧穿戴服務可以疊加在既有的產品服務上，同時也衍伸出新的問題：

■ 如何將感測器收集到的數據，轉換成「可用」且「易懂」的資訊？

■ 使用者如何得到「有價值」的資料？

透過邊緣運算硬體的升級，穿戴裝置可以快速地提供有價值的資訊，而獨立於手機的存在。

習題

1. 邊緣運算與雲端運算最大的差異點為何？

2. 如何邊緣運算改善使用者體驗？

3. 如何利用語音助理建構一個智慧家居？

4. 人臉辨識的應用，請描述一個應用場景？

5. 如何把自己的資訊轉成數位資產？

6. 開發一個 AI 應用程續如何找到一個好出口？

附錄

A　倉庫管理

目標：將物件從裝卸區轉移到儲物箱

硬體：大疆機甲大師和耐能神經網路處理器

軟體：Python

說明：

通過神經網路模型訓練識別不同物件，制定裝載區和儲物箱之間的行進路徑，進行物件加載/卸載操作，將物件從裝載區轉移到存儲箱。

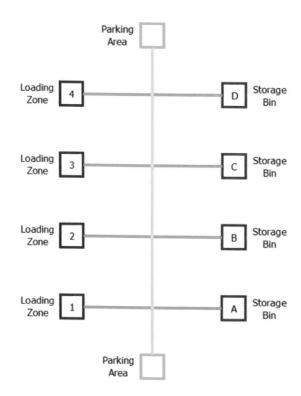

B 自駕車

目標：遵循交通規則到達不同目的地

硬體：大疆機甲大師和耐能神經網路處理器

軟體：Python

說明：

通過神經網路訓練識別交通信號燈/標誌，制定交通地圖前往不同目的地，根據交通規則採取不同的行動反應，計劃行車路線到達不同目的地。

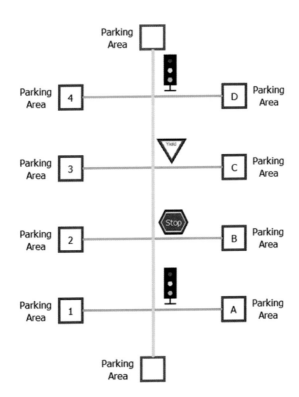

認識人工智慧-第四波工業革命

參考文獻

- [1] K. Schwab, "The Fourth Industrial Revolution: what it means, how to respond," *World Economic Forum*, 2016.

- [2] E. D. Hatzakis, "The Fourth Industrial Revolution," Ban of America Merrill Lynch, 2016.

- [3] "The Evolution of Industry 1.0 to 4.0," Seekmoment, 02 08 2019. [線上].

- [4] A. Krizhevsky, I. Sutskever 且 G. E. Hinton, "ImageNet Classification with Deep Convolutional Neural Network," *NIPS*, 2012.

- [5] K. Strachnyi, "Brief History of Neural Network," 23 Jan 2019. [線上].

- [6] W. S. McCulloch 且 W. H. Pitts, "A Logical Calculus of the Ideas Immanent in Nervous Activity," *The Bulletin of Mathematical Biophysics*, 第 冊 5.4, pp. 115-133, 1943.

- [7] F. Rosenblatt, "The Perceptron - A Probabilistic Model for Information Storage and Organization in the Brain," *Psychological Review*, 第 冊 65, 編號 6, pp. 386-408, 1958.

- [8] M. L. Minsky 且 S. A. Papert, Perceptrons, 1969.

- [9] J. J. Hopfield, "Neural Networks and Physical Systems with Emergent Collective Computational Abilities," *Proceeding of National Academy of Sciences*, 第 冊 79, pp. 2554-2558, 1982.

- [10] Y. Lecun, L. Bottou 且 P. Haffnrt, "Gradient-based Learning Applied to Document Recognition," *Proceedings of the IEEE*, 第 冊 86, 編號 11, pp. 2278-2324, 1998.

- [11] O. Russakobsky, J. Deng, H. Su, J. Krause, S. Satheesh, S. Ma, Z. Huang, A. Karpathy, A. Khosla, M. Bernstein, A. C. Berg 且 F.-F. Li, "ImageNet Large Scale Visual Recognition Challenge," arXiv:1409.0575v3, 2015.

- [12] A. G. Howard, "Some Improvements on Deep Convolutional Neural Network Based Image Classification," arXiv:1312.5402v1, 2013.

- [13] K. Simonyan 且 A. Zisserman, "Very Deep Convolutional Networks for Large-Scale Image Recognition," arXiv: 14091556v6, 2014.

- [14] C. Szegedy, W. Liu, Y. Jia, P. Sermanet, S. Reed, D. Anguelov, D. Erhan, V. Vanhoucke 且 A. Rabinovich, "Going Deeper with Convolutions," 於 *IEEE Conference on Computer Vision and Pattern Recognition (CVPR)*, 2015.

- [15] K. He, X. Zhang, S. Ren 且 J. Sun, "Deep Residual Learning for Image Recognition," 於 *IEEE Conference on Computer Vision and Pattern Recognition (CVPR)*, 2016.

- [16] A. Liu 且 O. Law, Deep Learning - Hardware Design, Amazon, 2020.

- [17] M. D. Zeiler 且 R. Fergus, "Visualizing and Understanding Convolutional Networks," arVix: 1311.2901v3, 2013.

- [18] S. Vaniukov, "How AI in Healthcare Is Changing the Industry," Data Science Central, 25 02 2020. [線上].

- [19] F. Jameel, "AI in healthcare - a quiet revolution about to get loud," Abdul Latif Jameel, 28 10 2019. [線上].

- [20] N. Tahmasssebi, "Artificial Intelligence in Healthcare," PlugandPlay, 23 08 2018. [線上].

- [21] M. Steedman, K. Taylor , F. Properzi , H. Ronte 且 J. Haughey, "Intelligent biopharma: Forging the links across the value chain," Deloitte Centre for Health Solutions, 2019.

- [22] D. Faggella, "Artificial intelligence in Telemedicine and Telhealth - 4 Current Applications," Emerj, 16 02 2019. [線上].

- [23] "AI Provides Doctors with Diagnostic Advice: How Will AI Change?," Fujitsu, 29 11 2017. [線上].

- [24] B. Marr, "How Is AI Used In Healthcare - 5 Powerful Real-World Examples That Show The Latest Advances," Forbes. [線上].

- [25] "6 Benefits of Implementing Robotic Process Automation (RPA) in Healthcare," Medium, 26 09 2019. [線上].

- [26] C. Hale, "GE Healthcare rolls out new AI-powered chest X-ray suite," MedTech, 19 06 2020. [線上].

- [27] Z. Akkus, A. Galimzianova, A. Hoogi, D. L. Rubin 且 B. J. Erickson , "Deep Learning for Brain MRI Segmentation: State of the Art and Future Directions," *Spring Link*, 2017.

- [28] N. Shaikh, "Implementing AI in wearable health apps for better tomorrow," Dzone, 22 07 2017. [線上].

- [29] "The AI Industry Series - Top Healthcare AI Trends To Watch," CBInsights. [線上].

- [30] R. Jordan, "Unlocking the Potential of Electronic Health Records with AI," RTInsights, 31 01 2020. [線上].

- [31] M. T. Alamanou, "AI Drug Discovery: Top Investors and Top Startups," Medium, 03 10 2019. [線上].

- [32] N. Mejia, "Artificial Intelligence in Medical Robotics - Current Applications and Possibilities," Emerj, 29 04 2019. [線上].

- [33] "Robotics Surgery: The Role of AI and Collaborative," Robotic Online Marketing Team, 09 07 2019. [線上].

- [34] R. Bharadwaj, "Applications of Artificial Intelligence in Elderly Care Robotics," Emerj, 10 02 2019. [線上].

- [35] D. Koteshov, "The State of AI in Banking and Financial," EliNext, 18 01 2019. [線上].

- [36] A. Phaneuf, "Artificial Intelligence in Financial Services: Applications and benefits of AI in finance," Business Insider, 09 09 2020. [線上].

- [37] "AI Helps Businesses Get Smarter About Fraud," Pymnts, 13 06 2019. [線上].

- [38] N. Mejia, "Artificial Intelligence at Mastercard — Current Projects and Services," Emerj, 14 03 2019. [線上].

- [39] N. Mejia, "Artificial Intelligence for Credit Card Companies — Current Applications," Emerj, 29 05 2019. [線上].

- [40] Neevista Pty Ltd, "How Machine Learning Can Transform The Financial Forecasting Process," Medium, 11 12 2019. [線上].

- [41] "Seeing the Future More Clearly: How Machine Learning Can Transform the Financial Forecasting Process," protiviti. [線上].

- [42] "Amazon Forecast," Amazon. [線上].

- [43] "How is Machine Learning Used in Stock Market?," Knowlab, 20 05 2019. [線上].

- [44] "Artificial Intelligence: the Future of Stock Market Trading," kscripts, 12 12 2013. [線上].

- [45] A. Voigt, "Artificial Intelligence Stock Trading Software: Top 5," Daytradingz. [線上].

- [46] R. Bharadwaj, "Stock Brokerage Firms and Artificial Intelligence — Current Applications," Emerj, 16 02 2019. [線上].

- [47] "AI in Finance: From Science Fiction to Modern," CoinSpectator, 04 11 2018. [線上].

- [48] T. Sloane, "The 18 Top Use Cases of Artificial Intelligence in Banks," PaymentsJournal, 06 11 2018. [線上].

- [49] D. Faggella, "AI in Banking — An Analysis of America's 7 Top Banks," Emerj, 14 03 2020. [線上].

- [50] A. Narang, "How Artificial Intelligence Is Impacting the Accounting Profession," SmallBusinessBonfire, 01 05 2018. [線上].

- [51] R. Rana, "How Artificial Intelligence Will Impact the Accounting Industry?," Ace Cloud Hosting, 24 01 2020. [線上].

- [52] "How AI and Automation Technology Can Help Accountants," Business.com. [線上].

- [53] E. Nagarajah, "What does automation mean for the accouting profession?," *Accountant Today*, 08 2016.

- [54] A. Prakash, "Role of Artificial Intelligence in Retail Industry," Appventurez, 16 10 2019. [線上].

- [55] R. Makhija, "Artificial Intelligence In Ecommerce," Guru TechnoLabs. [線上].

- [56] B. Dominic, "8 Innovative Ways to Amalgamate Artificial Intelligence (AI) with E-commerce!," *Cogneesol*, 第 冊 06, p. 12, 2019.

- [57] R. Bharadwaj, "Business Intelligence in Retail — Current Applications," *Emerj*, 第 冊 11, p. 03, 2020.

- [58] M. Wycislik-Wilson, "Amazon Go, the AI-powered, checkout-free," betanews, 22 01 2018. [線上].

- [59] M. Tillman, "What is Amazon Go, where is it, and how does it work?," Pocket-lint, 25 02 2020. [線上].

- [60] A. Cheng, "Why Amazon Go May Soon Change The Way We Shop?," Poctet-Linit, 13 01 2019. [線上].

- [61] D. Faggella, "Artificial Intelligence in Retail — 10 Present and Future Use Cases," Emerj, 04 03 2020. [線上].

- [62] E. Ackerman, "Brad Porter, VP of Robotics at Amazon, on Warehouse Automation, Machine Learning, and His First Robot," IEEE Spectrum, 27 09 2018. [線上].

- [63] A. Lee, "Automated warehousing systems at Amazon," Harvard Business School, 12 11 2017. [線上].

- [64] J. Walker, "Inventory Management with Machine Learning — 3 Use Cases in Industry," Emerj, 20 05 2019. [線上].

- [65] R. Al, "Artificial Intelligence for Inventory Management," Medium, 03 07 2018. [線上].

- [66] Jennifier, "How Is AI Transforming Supply Chain Management," Mnubo, 30 08 2019. [線上].

- [67] "10+ AI Use Cases/Applications in Manufacturing Industry 2020," Usmsys, 22 05 2020. [線上].

- [68] L. Columbus, "10 Ways Machine Learning Is Revolutionizing Manufacturing in 2019," Emerj, 11 08 2019. [線上].

- [69] L. Columbus, "10 Ways AI Is Improving Manufacture In 2020," Forbes, 18 05 2020. [線上].

- [70] L. A. Renner, "How can Artificial Intelligence be applied in Manufacturing?," Medium, 03 03 2020. [線上].

- [71] M. Crockett, "Different Ways Industrial AI is Revolutionizing Manufacturing," Manufacturing Tomorrow, 24 01 2020. [線上].

- [72] K. Polachowska, "10 Use Cases of AI in Manufacturing," Neoteric, 27 06 2019. [線上].

- [73] "AI and Machine Learning in Manufacturing: The Complete Guide," SPD Group, 22 01 2020. [線上].

- [74] J. Walker, "Machine Learning in Manufacturing - Present and Future Use-Cases," Emerj, 23 10 2019. [線上].

- [75] "7 Ways Artificial Intelligence is Positively Impacting Manufacturing," AMFG, 10 08 2018. [線上].

- [76] "Future Factory: How Technology is Transforming Manufacturing," CBInsights, 17 06 2019. [線上].

- [77] "Toward Future Farming: How Artificial Intelligence is transforming Agriculture Industry," Wipro, 11 2019. [線上].

- [78] "Artificial Intelligence in Agriculture: 6 Smart Ways to Improve the Industry and Gain Profit," IDAP, [線上].

- [79] D. Faggella, "AI in Agriculture — Present Applications and Impact," Emerj, 18 05 2020. [線上].

- [80] A. d. Jesus, "Drones for Agriculture — Current Applications," Emerj, 02 01 2019. [線上].

- [81] K. Sennaaar, "Agricultural Robots — Present and Future Applications (Videos Included)," emerj, 03 02 2019. [線上].

- [82] S. Gossett, "Farming & Agriculture Robots," Built-in, 30 07 2019. [線上].

- [83] K. Sheikh, "A Growing Presence on the Farm: Robots," The New York Times, 13 02 2020. [線上].

- [84] V. S. Bisen, "How AI Can Help In Agriculture: Five Applications and Use Cases," Vsinghbisen, 25 06 2019. [線上].

- [85] W. Potter, "AI can tackle the climate emergency — if developed," Shutterstock, 23 04 2020. [線上].

- [86] "AI Enables the Future of Farming," cnet, 13 12 2019. [線上].

- [87] "Smart Taipei Brochure," City of Taipei Government. [線上].

- [88] "Smart City Index 2020," IMD, 2020.

- [89] C. Buttice, "Top 14 AI Use Cases: Artificial Intelligence in Smart Cities," AltaML, 27 03 2020. [線上].

- [90] A. Tan, "Opportunities for greater use of AI in smart cities," FutureIoT, 18 03 2020. [線上].

- [91] S. Shea 且 E. Burns, "Smart City," TechTarget, 07 2020. [線上].

- [92] "Smart cities: acceleration, technology, cases and evolutions in the smart city," I-Scoop. [線上].

- [93] P. Publishing, "Artificial Intelligence for Smart Cities," Becoming Human, 09 08 2019. [線上].

- [94] G. Mishra, "AI in Smart Cities: Making All the Difference in the World," Cyfuture, 09 05 2019. [線上].

- [95] J. Walker, "Smart City Artificial Intelligence Applications and Trends," Emerj, 31 01 2019. [線上].

- [96] J. Miramant, "AI and IoT: Transportation Management in Smart Cities," Unite.ai, 28 08 2020. [線上].

- [97] V. S. Bisen, "How AI Can be Used in Smart Cities: Applications Role & Challenge," Medium, [線上].

- [98] F. Wolfe, "How Artificial iIntelligence Will Revolutionize the Energy Industry," Harvard University, 28 08 2017. [線上].

- [99] S. P. de Leon, "The Role Of Smart Grids And AI In The Race To Zero Emissions," Forbes, 20 03 2019. [線上].

- [100] "What Are Smart Cities?," CBInsights, 09 01 2019. [線上].

- [101] J. Woetzel, J. Remes, B. Boland, K. Lv, S. Sinha, G. Strube, J. Means, J. Law, A. Cadena 且 V. von der Tann, "Smart cities: Digital solutions for a more," McKinsey Global Institute, 06 05 2018. [線上].

- [102] W. D. Eggers, D. Schatsky 且 P. Viechnicki, "AI-Augmented Government - Using Cognitive Technologies to Redesign the Public Sector Work," Deloitte University Press.

- [103] W. D. Eggers 且 T. Beyer, "AI-Augmented Government Climbing the AI Maturity Curve," Deloitte Insights, 24 June 2019. [線上].

- [104] T. A. Campbell 且 J. Fetzer, "Artifical Intelligence: State Initiatives and C-Suite Implications," Emerj, 30 August 2019. [線上].

- [105] M. Price, W. D. Eggers 且 R. Sen, "Smart Government: Unleashing the Power of Data," Deloitte Insights, 07 February 2018. [線上].

- [106] A. Ciarniello, "Artificial Intelligence and National Security: Integrating Online Data," Security Magazine, 21 Octobor 2020. [線上].

- [107] D. Faggella, "Artificial Intelligence and Security: Current Applications and Tomorrow's Potentials," Emerj, 20 May 2019. [線上].

- [108] K. Ramachandran, "Cybersecurity Issues in the AI World," Deloitte Insights, 11 September 2019. [線上].

- [109] W. D. Eggers, T. Fishman 且 P. Kishnani, "AI-Augmented Human Services," Deloitte Insights. [線上].

- [110] T. Fishman 且 W. Eggers, "AI-Augmented Human Services - Using Cognitive Technologies to Transform Program Delivery," Deloitte Insights, 31 October 2019. [線上].

- [111] W. D. Eggers, D. Schatsky 且 P. Viechnicki, "AI-Augmented Government - Using Cognitive Technologies to Redesign Public Sector Work," Deloitte Insights, 26 April 2017. [線上].

- [112] P. Viechnicki 且 W. D. Eggers, "How much time and money can AI save government?," Deloitte Insights, 26 April 2017. [線上].

- [113] D. Faggella, "AI and Machine Vision for Law Enforcement - Use-Cases and Policy Implications," Emerj, 20 May 2019. [線上].

- [114] P. Bump, "Facial Recognition in Law Enforcement — 6 Current Applications," Emerj, 29 November 2018. [線上].

- [115] D. Faggella, "AI for Crime Prevention and Detection - 5 Current Applications," Emerj, 2 February 2019. [線上].

- [116] N. Joshi, "The Rise of AI in Crime Prevention and Detection," BBN Times, 1 Octobor 2020. [線上].

- [117] "Regulation of Artificial Intelligence in Selected Jurisdictions," The Law Library of Congress, 2019.

- [118] K. Walch, "AI Laws Are Coming," Forbes, 20 February 2020. [線上].

- [119] G. Callahan, "Artificial Intelligence Law: How the Law Applies to AI," Rev, 13 November 2020. [線上].

- [120] N. Dalmia 且 D. Schatsky, "The Rise of Data and AI Ethics," Deloitte Insights, 24 June 2019. [線上].

- [121] D. Schatsky, V. Katyal, S. Iyengar 且 R. Chauhan, "Can AI be ethical?," Deloitte Insights, 17 April 2019. [線上].

- [122] M. Carrasco, S. Mills, A. Whybrew 且 A. Jura, "The Citizen's Perspective on the Use of AI in Government," BCG, 01 March 2019. [線上].

國家圖書館出版品預行編目資料

認識人工智慧：第四波工業革命 / 劉峻誠, 羅明
健, 耐能智慧股份有限公司編著. -- 初版. --
新北市：全華圖書股份有限公司, 2021.02
　　面；　公分
　ISBN 978-986-503-569-3(平裝)

1.人工智慧　2.技術發展　3.產業發展

312.83　　　　　　　　　　　　　　110001406

認識人工智慧-第四波工業革命

作者 / 劉峻誠、羅明健、耐能智慧股份有限公司

發行人 / 陳本源

執行編輯 / 李孟霞

出版者 / 全華圖書股份有限公司

郵政帳號 / 0100836-1 號

印刷者 / 宏懋打字印刷股份有限公司

圖書編號 / 06476

初版一刷 / 2021 年 03 月

定價 / 新台幣 420 元

ISBN / 978-986-503-569-3

全華圖書 / www.chwa.com.tw

全華網路書店 Open Tech / www.opentech.com.tw

若您對本書有任何問題，歡迎來信指導 book@chwa.com.tw

臺北總公司(北區營業處)
地址：23671 新北市土城區忠義路 21 號
電話：(02) 2262-5666
傳真：(02) 6637-3695、6637-3696

南區營業處
地址：80769 高雄市三民區應安街 12 號
電話：(07) 381-1377
傳真：(07) 862-5562

中區營業處
地址：40256 臺中市南區樹義一巷 26 號
電話：(04) 2261-8485
傳真：(04) 3600-9806(高中職)
　　　(04) 3601-8600(大專)

歡迎加入 全華會員

● 會員獨享
　會員享購書折扣、紅利積點、生日禮金、不定期優惠活動…等。

● 如何加入會員
　填妥讀者回函卡直接傳真 (02) 2262-0900 或寄回，將由專人協助登入會員資料，待收到
　E-MAIL 通知後即可成為會員。

如何購員 全華書籍

1. 網路購書
　全華網路書店「http://www.opentech.com.tw」，加入會員購書更便利，並享有紅利積點
　回饋等各式優惠。

2. 全華門市、全省書局
　歡迎至全華門市（新北市土城區忠義路21號）或全省各大書局、連鎖書店選購。

3. 來電訂購
　(1) 訂購專線：(02) 2262-5666 轉 321-324
　(2) 傳真專線：(02) 6637-3696
　(3) 郵局劃撥（帳號：0100836-1　戶名：全華圖書股份有限公司）
　※ 購書未滿一千元者，酌收運費 70 元。

OpenTech.com.tw 全華網路書店

全華網路書店 www.opentech.com.tw
E-mail: service@chwa.com.tw

※ 本會員制如有變更則以最新修訂制度為準，造成不便請見諒。